机械类"3+4"贯通培养规划教材

机械识图

主　编　闫正花
副主编　刘加平　徐　超

科学出版社
北京

内 容 简 介

本书根据中等职业学校机械制图教学大纲，结合机械类"3+4"贯通培养学生的学习需求编写而成。本书以机械项目图纸为引领，基于画图和读图的需要组织学习内容，注重和强化实践教学，突出绘图能力和识图能力的培养，充分体现专业基础课为专业课服务的思想。

全书共七个项目：制图的基本知识和技能，投影基础，组合体的表达与识读，视图、剖视图、断面图的表达与识读，零件图的表达与识读，装配图的识读，典型零件的测绘。本书采取任务驱动式教学，通过任务引领、任务链接、任务解读、任务训练、任务拓展的方式，将知识点与任务有机的结合，由浅入深，循序渐进，使学生完成技能的训练，达到学以致用的目的。

本书可作为机械类"3+4"贯通培养中职阶段的教学用书，也可作为机械工人岗位培训和自学用书。

图书在版编目(CIP)数据

机械识图/闫正花主编. —北京：科学出版社，2018.10
机械类"3+4"贯通培养规划教材
ISBN 978-7-03-058944-6

Ⅰ.①机… Ⅱ.①闫… Ⅲ.①机械图-识图-中等专业学校-教材 Ⅳ.①TH126.1

中国版本图书馆 CIP 数据核字(2018)第 219258 号

责任编辑：邓 静 朱晓颖 赵晓廷 / 责任校对：郭瑞芝
责任印制：吴兆东 / 封面设计：迷底书装

科学出版社 出版
北京东黄城根北街 16 号
邮政编码：100717
http://www.sciencep.com
北京虎彩文化传播有限公司 印刷
科学出版社发行 各地新华书店经销

*

2018 年 10 月第 一 版 开本：787×1092 1/16
2018 年 10 月第一次印刷 印张：9 1/2
字数：227 000

定价：39.00 元
(如有印装质量问题，我社负责调换)

机械类"3+4"贯通培养规划教材编委会

主　任：李长河

副主任：赵玉刚　刘贵杰　许崇海　曹树坤
　　　　韩加增　韩宝坤　郭建章

委　员：（按姓名拼音排序）
　　　　安美莉　陈成军　崔金磊　高婷婷
　　　　贾东洲　江京亮　栗心明　刘晓玲
　　　　彭子龙　滕美茹　王　进　王海涛
　　　　王廷和　王玉玲　闫正花　杨　勇
　　　　杨发展　杨建军　杨月英　张翠香
　　　　张效伟

前　言

根据机械加工人才市场需求的调研情况，我们发现企业急需具有较强的机械操作技能和较丰富加工工艺知识的专门人才，这对机械制图课程的教学也提出更高的要求。为此，我们以国家规定教材为蓝本，整合了公差与测量技术和数控加工实训读图项目，编写了《机械识图》一书。

"机械识图"是中等职业学校机械类专业的一门专业基础课，以任务为引领，以识图为主线，以能力为本位，以就业为导向，全面推进素质教育，培养高素质劳动者和中级技能型人才。

本书在编写时力求突出以下特色。

(1) 以任务引领的方式进行编排，实施任务驱动。本书以学生实训时使用的图纸为引领，打破了原有教材的顺序和系统，按照工作过程组织教学内容，采取任务驱动式教学，将知识点与任务有机结合。由浅入深，循序渐进，使学生完成技能的训练，达到学以致用的目的。

(2) 重视实践性教学环节，强化创新能力的培养。更新教学内容，突出技能训练，重视实践性教学环节，强化创新能力的培养，强化知识性和实践性的统一。

(3) 按照中职学生的认知规律和特点，合理设置图例和例题。选择典型的零件图、装配图作为图例，在难度设置上，由浅入深，便于教师根据授课对象把握教材，因材施教，使不同层面的学生都能学有所得。

(4) 形式新颖活泼，更贴近中职学生的读书习惯。文字简洁，内容尽量采用图形形式呈现，直观形象，方便教学。

(5) 突出实用性。教学与企业培训相沟通，内容符合职业标准及企业生产实际需要，以就业为导向，体现教材的实用性和针对性，有利于培养实用型人才。

本书的参考学时为 144 学时，建议采用理论、实践一体化的教学模式，各章的参考学时见下面的学时分配表。

学时分配表

项　目	项目内容	学　时
项目一	制图的基本知识和技能	12
项目二	投影基础	20
项目三	组合体的表达与识读	32
项目四	视图、剖视图、断面图的表达与识读	24
项目五	零件图的表达与识读	44
项目六	装配图的识读	8
项目七	典型零件的测绘	4
课时总计		144

本书由闫正花担任主编，刘加平、徐超担任副主编。具体编写分工如下：闫正花编写了项目一～项目三，刘加平编写了项目四，徐超编写了项目五，杨梅编写了项目六，丁立新编写了项目七。

由于编者水平和经验有限，书中难免有不足之处，恳请读者批评指正。

编 者

2018 年 5 月

目　　录

项目一　制图的基本知识和技能 …………………………………………………………… 1

　1.1　制图国家标准的基本规定 ……………………………………………………………… 1

　　　1.1.1　图纸幅面和格式（GB/T 14689—2008） …………………………………………… 2

　　　1.1.2　比例（GB/T 14690—1993） ……………………………………………………… 4

　　　1.1.3　字体（GB/T 14691—1993） ……………………………………………………… 4

　　　1.1.4　图线（GB/T 4457.4—2002） ……………………………………………………… 5

　　　1.1.5　尺寸注法 …………………………………………………………………………… 6

　1.2　绘制几何图形 …………………………………………………………………………… 9

　　　1.2.1　绘图工具及其使用 ………………………………………………………………… 9

　　　1.2.2　绘制圆的内接正六边形 ………………………………………………………… 10

　　　1.2.3　绘制圆的内接正五边形 ………………………………………………………… 11

　1.3　绘制连接弧 …………………………………………………………………………… 11

　　　1.3.1　圆弧连接的概念 ………………………………………………………………… 11

　　　1.3.2　圆弧连接的作图方法 …………………………………………………………… 12

　　　1.3.3　圆弧连接的类型 ………………………………………………………………… 12

　1.4　抄画平面图形 ………………………………………………………………………… 14

　　　1.4.1　尺寸分析 ………………………………………………………………………… 14

　　　1.4.2　线段分析 ………………………………………………………………………… 14

　　　1.4.3　手柄的画图步骤 ………………………………………………………………… 14

项目二　投影基础 ………………………………………………………………………… 16

　2.1　认识投影法 …………………………………………………………………………… 16

　　　2.1.1　投影现象和投影法 ……………………………………………………………… 16

　　　2.1.2　投影法的分类 …………………………………………………………………… 17

　2.2　探究三视图的投影规律 ……………………………………………………………… 18

　　　2.2.1　三投影面体系 …………………………………………………………………… 19

　　　2.2.2　三视图的形成 …………………………………………………………………… 19

　　　2.2.3　三视图的投影关系及投影规律 ………………………………………………… 20

　2.3　点、直线、平面的投影 ……………………………………………………………… 22

　　　2.3.1　点的投影 ………………………………………………………………………… 22

　　　2.3.2　直线的投影 ……………………………………………………………………… 26

　　　2.3.3　平面的投影 ……………………………………………………………………… 28

　2.4　平面立体的三视图 …………………………………………………………………… 30

　　　2.4.1　棱柱 ……………………………………………………………………………… 31

2.4.2 棱锥 ·· 32
2.5 曲面立体的三视图 ·· 34
　2.5.1 识读与绘制圆柱的三视图 ·· 34
　2.5.2 识读与绘制圆锥的三视图 ·· 36
　2.5.3 识读与绘制圆球的三视图 ·· 38
2.6 陶泥制作 ··· 40

项目三　组合体的表达与识读 ·· 41

3.1 组合体的组合形式 ·· 41
　3.1.1 组合体 ·· 41
　3.1.2 形体分析法 ·· 42
　3.1.3 组合形式 ·· 42
3.2 截交线 ··· 45
　3.2.1 平面与平面立体相交 ·· 46
　3.2.2 平面与曲面立体相交 ·· 46
3.3 相贯线 ··· 48
　3.3.1 相贯线的概念和性质 ·· 48
　3.3.2 圆柱与圆柱的相贯线 ·· 49
3.4 组合体视图的画法 ·· 50
　3.4.1 形体分析 ·· 51
　3.4.2 选择视图 ·· 51
3.5 组合体视图的读法 ·· 53
3.6 组合体的尺寸标注 ·· 55
3.7 萝卜切割 ··· 57

项目四　视图、剖视图、断面图的表达与识读 ·· 58

4.1 视图 ··· 58
　4.1.1 基本视图 ·· 58
　4.1.2 向视图 ·· 60
　4.1.3 局部视图 ·· 60
　4.1.4 斜视图 ·· 61
4.2 剖视图 ··· 62
　4.2.1 剖视图的概念 ·· 63
　4.2.2 剖视图的画法 ·· 63
　4.2.3 剖视图的种类 ·· 63
4.3 断面图 ··· 65
　4.3.1 断面图的概念 ·· 65
　4.3.2 断面图与剖视图的区别 ·· 66
　4.3.3 断面图的分类 ·· 66

项目五 零件图的表达与识读············68

5.1 识读轴类零件图（一）············68
- 5.1.1 零件图的内容············69
- 5.1.2 零件图的读图步骤（以阶梯轴为例）············69
- 5.1.3 零件的工艺结构············69

5.2 识读轴类零件图（二）············72
- 5.2.1 读图步骤············72
- 5.2.2 零件图上的技术要求——尺寸公差············72

5.3 识读轴类零件图（三）············76
- 5.3.1 读图步骤············77
- 5.3.2 零件图上的技术要求——表面粗糙度············78

5.4 识读轴类零件图（四）············80
- 5.4.1 读图步骤············80
- 5.4.2 斜度和锥度············81

5.5 识读套类零件图············82

5.6 识读螺纹轴零件图（一）············85
- 5.6.1 读图步骤············85
- 5.6.2 螺纹的形成和加工············86
- 5.6.3 螺纹的要素············87
- 5.6.4 螺纹的规定画法············88
- 5.6.5 螺纹的标注············89
- 5.6.6 螺纹的识读············90

5.7 识读螺纹轴零件图（二）············93
- 5.7.1 读图步骤············94
- 5.7.2 形状与位置公差概念············94
- 5.7.3 形位公差的识读············95

5.8 识读传动轴零件图············98
5.9 识读凸台零件图············100
5.10 识读阀盖零件图············102
5.11 识读冲模零件图············104
5.12 识读缸盖零件图············107
5.13 识读盖板零件图············109
5.14 识读法向轮零件图············111
5.15 基准的选用············113

项目六 装配图的识读············117

6.1 装配图概述············117
- 6.1.1 装配图的作用············119
- 6.1.2 装配图的内容············119

6.1.3 装配图的基本表达方法 ………………………………………………… 119
　　　6.1.4 装配图的读图方法与步骤 ………………………………………………… 121
　6.2 识读螺栓连接装配图 ………………………………………………………………… 125
　　　6.2.1 螺栓连接的画法及各部分尺寸关系 ………………………………………… 125
　　　6.2.2 螺栓连接装配图画法注意事项 ……………………………………………… 126
　6.3 识读键连接装配图 …………………………………………………………………… 128
　6.4 识读虎钳装配图 ……………………………………………………………………… 130
　　　6.4.1 识读装配图的方法和步骤 …………………………………………………… 132
　　　6.4.2 配合 …………………………………………………………………………… 132

项目七 典型零件的测绘 ……………………………………………………………………… 133
　7.1 常用测绘工具及其使用 ……………………………………………………………… 133
　7.2 阶梯轴零件测绘 ……………………………………………………………………… 135
　7.3 轮盘类零件测绘 ……………………………………………………………………… 137

附表 …………………………………………………………………………………………… 139

参考文献 ……………………………………………………………………………………… 142

项目一 制图的基本知识和技能

本项目知识要点

（1）掌握《机械制图》国家标准中关于图纸幅面和格式、比例、字体、图线、尺寸注法等有关规定，学会正确选用图线。

（2）能熟练运用绘图工具，绘制简单的几何图形，最终能正确抄画平面图形，获得愉快的情感体验。

（3）在认识制图国家标准和抄画平面图形的过程中，学会自主学习与合作交流学习，并形成严肃认真、一丝不苟的学习态度。

探索思考

图线的基本类型有哪些？都有什么应用？

预习准备

多途径搜集机械加工图纸，你从图纸上都能获取哪些信息？

1.1 制图国家标准的基本规定

任务引领

结合立体图，初步认识图 1-1，领会图样中所用的图纸幅面、图框、标题栏、绘图比例、图线等知识。

看一看：该零件的名称是什么？绘图比例是多少？材料是什么？

说一说：和同学们讨论一下比例 1∶2 是什么含义？

找一找：从图中你能发现几种不同的图线？你还见过什么样的图线？

议一议：对照螺纹轴的立体图和零件图，你能说出各部分的形状和尺寸吗？

任务链接

机械图样是设计和制造机械过程中的重要资料，是交流技术思想的语言。国家标准《机械制图》对图样的绘制规则等做出了统一的规定，内容包括图纸幅面和格式、比例、字体、图线、尺寸标注等。

(a) 螺纹轴立体图

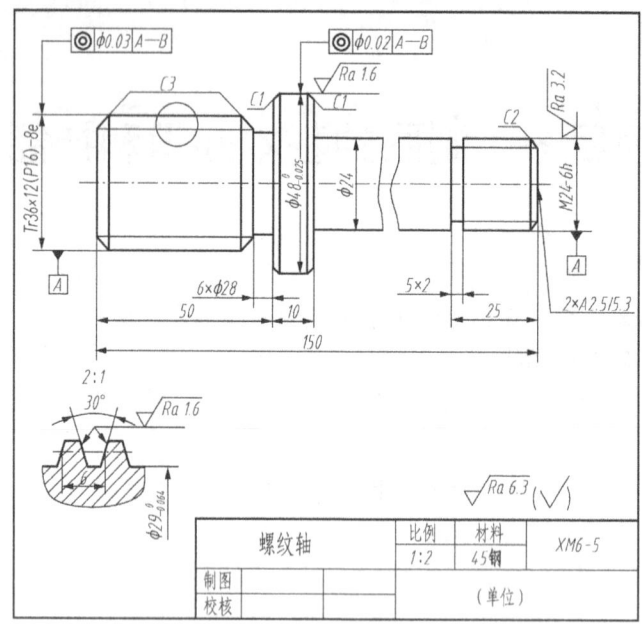

（b）螺纹轴零件图

图 1-1　螺纹轴

1.1.1　图纸幅面和格式（GB/T 14689—2008）

国家标准 GB/T 14689—2008 对图纸幅面和格式做出了规定。

1. 图纸幅面

图纸幅面是指图纸的大小。基本幅面共有 5 种，即 A0、A1、A2、A3、A4，各幅面尺寸见表 1-1，尺寸关系如图 1-2 所示。

表 1-1　基本幅面及图框尺寸　　　　　　　　　　　（单位：mm）

幅面代号	A0	A1	A2	A3	A4
B×L	841×1189	594×841	420×594	297×420	210×297
a	25				
c	10			5	
e	20		10		

议一议：从图 1-2 中，你发现了什么？和同学们相互交流一下。

考一考：我们平时用的 16 开的作业本最接近于哪种图纸幅面？

绘制图样时，应优先采用表 1-1 中规定的基本幅面。必要时，允许选用加长幅面，但所加尺寸必须是基本幅面短边的整数倍。

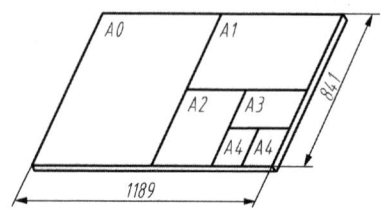

图 1-2　幅面尺寸的图示

2. 图框格式

各种幅面的图样，必须用粗实线画出图框。图框有两种格式，即不留装订边和留装订边，如图 1-3 所示。同一产品中所有图样均应采用同一种格式。

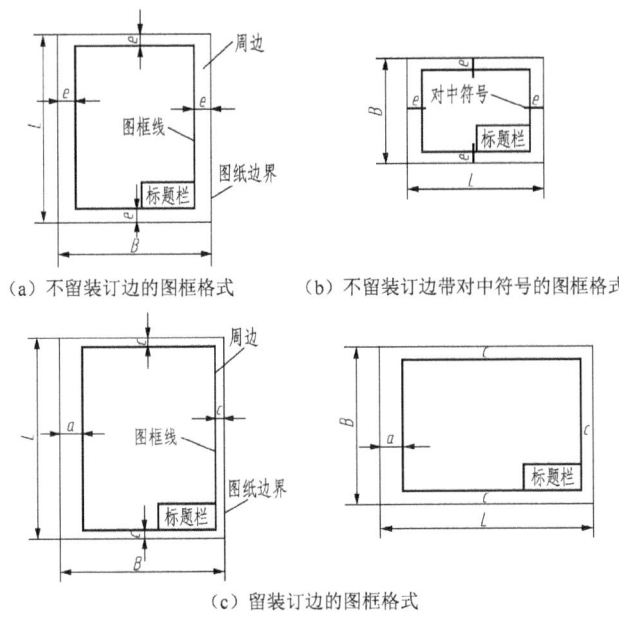

(a) 不留装订边的图框格式　　(b) 不留装订边带对中符号的图框格式

(c) 留装订边的图框格式

图 1-3　图框格式

3. 标题栏和明细栏

标题栏和明细栏一般应位于图纸的右下角。GB/T 10609.1—2008 对标题栏的内容、格式和尺寸进行了规定，如图 1-4（a）所示。为了学习方便，在本书中建议采用如图 1-4（b）所示的格式。

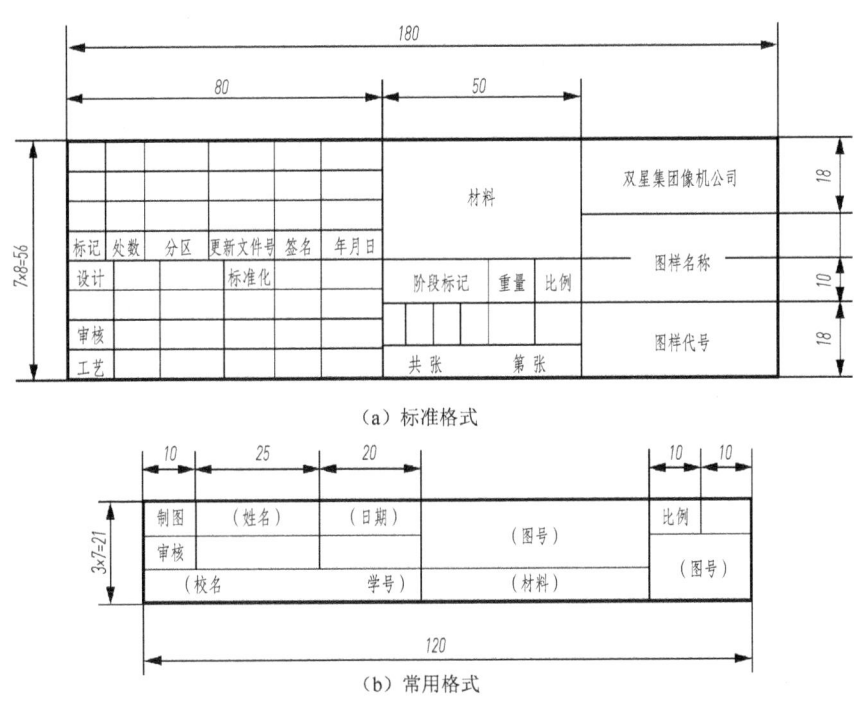

(a) 标准格式

(b) 常用格式

图 1-4　标题栏格式

1.1.2 比例（GB/T 14690—1993）

比例是指图中图形与其实物相应要素的线性尺寸之比。

绘制图样时，一般应从表 1-2 规定的系列中选取适当的比例。

绘图时尽量选用原值比例，大零件采用缩小比例，小零件采用放大比例。所选比例应填写在标题栏内。

表 1-2　绘图的比例

种　类	优先选用系列	允许选用系列
原值比例	1∶1	
缩小比例	1∶2；1∶5；1∶2×10^n；1∶5×10^n	1∶1.5；1∶2.5；1∶3；1∶4；1∶6；1∶1.5×10^n；1∶2.5×10^n；1∶3×10^n；1∶4×10^n；1∶6×10^n
放大比例	2∶1；5∶1；2×10^n∶1；5×10^n∶1；1×10^n∶1	4∶1；2.5∶1；4×10^n∶1；2.5×10^n∶1

注：n 为正整数。

考一考：中国地图册中的比例是（　　）比例。

不论采用放大比例还是缩小比例，图样中标注的尺寸一定是机件的实际尺寸，与比例无关，如图 1-5 所示。

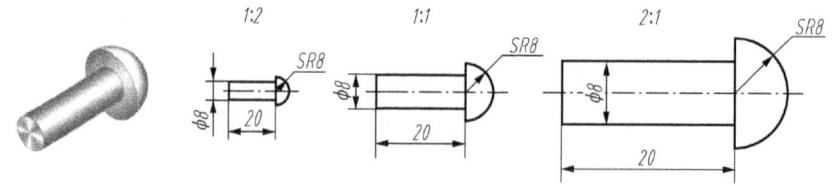

图 1-5　采用不同比例绘制的图形

1.1.3 字体（GB/T 14691—1993）

在图样上除了表示机件形状的图形，还要用文字和数字来说明机件的大小、技术要求及其他内容。在图样中书写的字体必须做到：**字体工整、笔画清楚、间隔均匀、排列整齐。**

字体大小用字号表示，分为 1.8、2.5、3.5、5、7、10、14、20 八种，如 7 号字即表示字的高度为 7mm。汉字应写长仿宋体，并采用国家正式公布推行的简化字。汉字高度不应小于 3.5mm，其宽度一般为 $h/\sqrt{2} \approx 0.7h$。字母和数字可以写成斜体或直体，斜体字字头向右倾斜，与水平基准线成 75°。字体示例如图 1-6 所示。

10 号字：
　　知识改变命运　　技能成就未来

7 号字：
　　把中国名牌永远创下去　把中国事业永远发展下去

　　Abcdefg1234　　abcdefg1234
　　I II III IV V VI VII　　I II III IV V VI VII

图 1-6　字体示例

1.1.4 图线（GB/T 4457.4—2002）

国家标准 GB/T 4457.4—2002 规定了九种图线，其名称、线型、宽度及一般应用见表 1-3。各种图线的应用实例如图 1-7 所示。

表 1-3 机械制图的线型及应用

图线名称	线 型	图线宽度	一般应用
粗实线	———————	约 d	可见轮廓线
细实线	———————	约 $d/2$	尺寸线、尺寸界线、剖面线、引出线等
波浪线	～～～～	约 $d/2$	断裂处的边界线，视图和剖视的分界线
双折线	—\/\——	约 $d/2$	断裂处的边界线，视图和剖视的分界线
细虚线	- - - - - -	约 $d/2$	不可见轮廓线
细点画线	—·—·—·—	约 $d/2$	轴线、对称中心线
粗点画线	—·—·—·—	约 d	限定范围的表示线
细双点画线	—··—··—··	约 $d/2$	假想投影轮廓线，极限位置的轮廓线
粗虚线	- - - - - -	约 d	允许表面处理的表示线

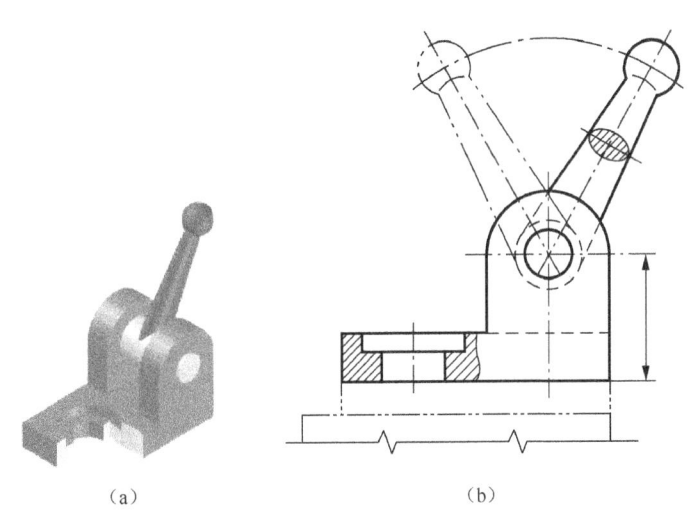

（a） （b）

图 1-7 图线应用实例

想一想：表 1-3 中的 d 是何含义？读一读并记住。

d 表示的范围是 0.5～2mm，粗线宽度为 d，细线宽度为 $d/2$，即绘制图线时粗线常用 0.7mm，细线常用 0.35mm。

找一找：图 1-7（b）中共有几种不同的图线？并分别说出它们的名称。

1.1.5 尺寸注法

1. 基本规则

（1）机件的真实大小应以图样上所注的尺寸数值为依据，与图形的比例及绘图的准确度无关，如图1-8（a）所示。

（2）图样中的尺寸以毫米（mm）为单位时，不必标注计量单位，如采用其他单位，则应注明相应的单位符号，如图1-8（b）所示。

（3）图样中所注尺寸为该图样所示机件的最后完工尺寸，否则应另加说明。

（4）机件的每一尺寸一般只标注一次，并应标注在表示该结构最清晰的图形上。

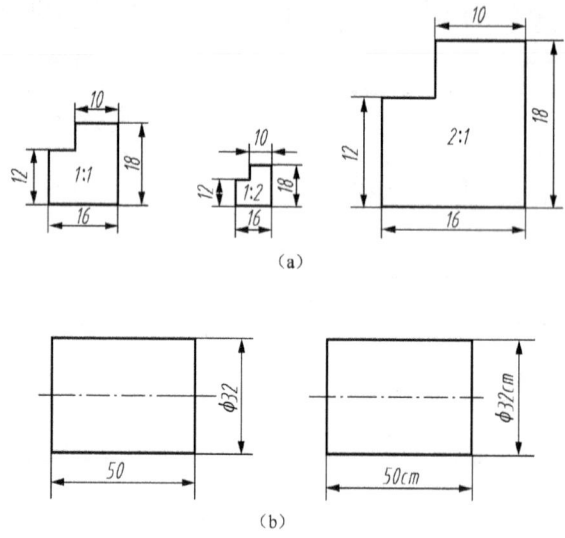

图1-8 尺寸标注规则

2. 尺寸标注的三要素

尺寸标注由尺寸界线、尺寸线和尺寸数字三个要素组成。尺寸界线和尺寸线用细实线绘制。尺寸线终端有箭头和斜线两种形式。当没有足够的地方画箭头时，可用小黑点代替，如图1-9所示。

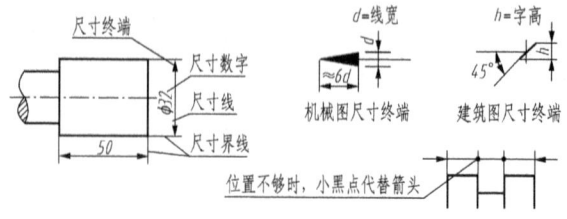

图1-9 尺寸标注的三要素

3. 尺寸注法示例

1）尺寸界线

尺寸界线应从图形的轮廓线、轴线或对称中心线处引出，也可利用轮廓线、轴线或对称中心线作尺寸界线，如图1-10所示。

（1）轮廓线作尺寸界线。

（2）中心线作尺寸界线。

（3）尺寸界线一般垂直于尺寸线并超过尺寸线 2～3 mm。

2）尺寸线

尺寸线不能用其他图线代替，一般也不得与其他图线重合或画在其他图线的延长线上；尺寸线应平行于被标注的线段，其间隔及两平行尺寸线间的间隔 5～7 mm 为宜。尺寸线间或尺寸线与尺寸界线之间应尽量避免相交，如图 1-11 所示。

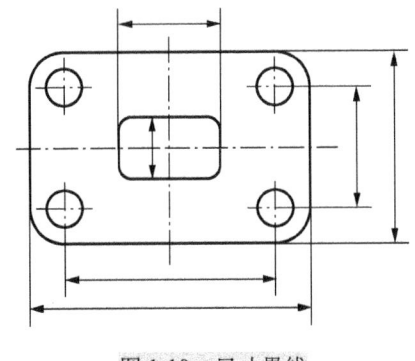

图 1-10　尺寸界线

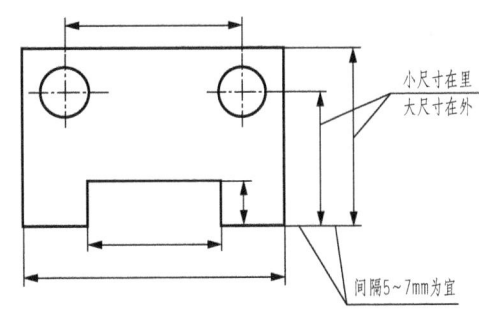

图 1-11　尺寸布置

3）尺寸数字

（1）直径或半径标注。标注直径时，在尺寸数字前加注符号"φ"；标注半径时，在尺寸数字前加注符号"R"。其尺寸线应通过圆心，尺寸线的终端应画成箭头。当圆弧半径过大或在图纸范围内无法标出其圆心位置时，可按图 1-12 所示的形式标注。

（2）角度标注。标注角度尺寸的尺寸界线应沿径向引出，尺寸线是以

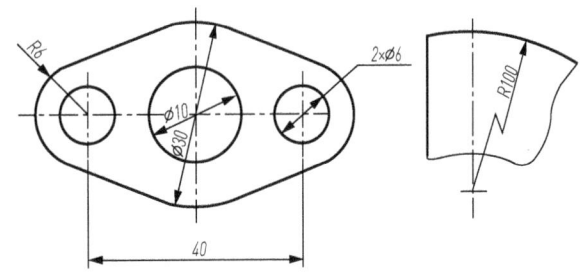

图 1-12　直径或半径标注

角度顶点为圆心的圆弧线，角度的数字应水平注写，一般注写在尺寸线的中断处，必要时也可注写在尺寸线的上方、外侧或引出标注，如图 1-13 所示。

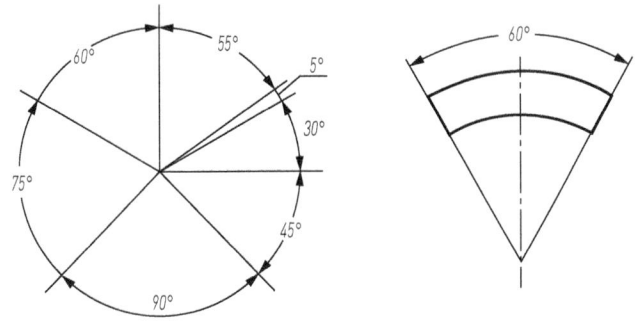

图 1-13　角度标注

任务解读

如图 1-1 所示的图样，图样中使用的图线有粗实线、细实线和细点画线，阅读标题栏可

知，该零件的名称为螺纹轴，绘图比例为 1∶2，所用材料为 45 钢，图中所用的汉字为长仿宋体。

任务训练

（1）图纸的基本幅面有（　　）、（　　）、（　　）、（　　）、（　　）5 种。A4 幅面的尺寸是（　　）。

（2）在图样上必须用（　　）画出图框。图框有（　　）和（　　）两种格式。

（3）标题栏一般应位于图纸的（　　）。

（4）比例分 3 类，分别是（　　）比例、（　　）比例和（　　）比例，1∶1 是（　　）比例，2∶1 是（　　）比例。

（5）机件真实长度为 40mm，按 1∶2 的比例绘制，在标注尺寸时应标注（　　）mm。

（6）可见轮廓线用（　　）绘制，不可见轮廓线用（　　）绘制。

（7）轴线和对称中心线用（　　）绘制。

（8）尺寸线和尺寸界线用（　　）绘制。

（9）机械图样中汉字应写成（　　），字宽应为字高的（　　）。

（10）斜体字字头向（　　）倾斜，与水平基准线约成（　　）。

（11）字体的（　　）代表字体的号数。

（12）粗线宽度通常采用 $d=$（　　）mm，细线宽度为（　　）。

（13）点画线首末两端是（　　），而不是（　　）。

（14）点画线与其他图线相交时应交于（　　）画，而不是（　　）。

（15）点画线超出外轮廓（　　）mm。

（16）虚线与其他图线相交时（　　）空隙，虚线与其他图线相连时（　　）空隙。

任务拓展

小尺寸标注。尺寸标注无足够位置时，箭头可外移或用小黑点代替两个箭头；尺寸数字也可写在尺寸界线外或引出标注，如图 1-14 所示。

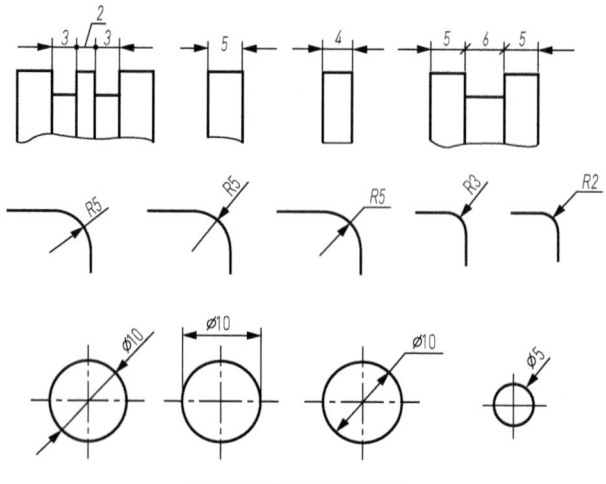

图 1-14　小尺寸标注

1.2 绘制几何图形

任务引领

已知如图 1-15 所示的圆的直径为 60mm，尝试画出圆的内接正六边形和圆的内接正五边形。

任务链接

1.2.1 绘图工具及其使用

常见的绘图工具有图板和丁字尺、三角板、分规、圆规、铅笔等。

1. 图板和丁字尺的使用

图板的导边应平直，表面应平整；图纸四周用胶带纸固定，如图 1-16（a）所示。

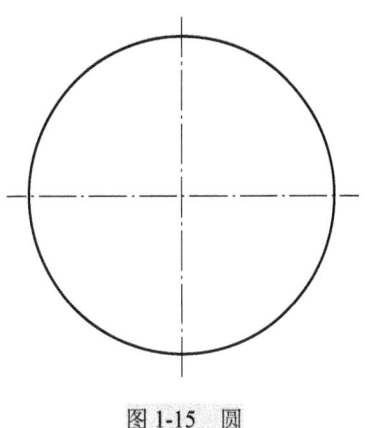

图 1-15 圆

丁字尺主要用于画水平线，使用时左手握住尺头，使尺头贴紧图板左侧的导边，上、下移动，自左向右画水平线，如图 1-16（b）所示。

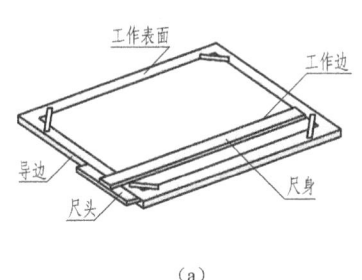

（a）

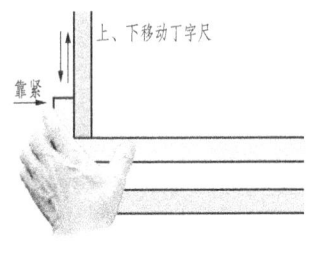

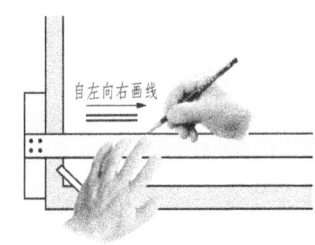

（b）

图 1-16 图板和丁字尺的使用

2. 三角板的使用

三角板和丁字尺配合可以画水平线和垂直线，两个三角板配合使用还可以画一定角度的斜线，如 15°、75°、105°、135°等，如图 1-17 所示。

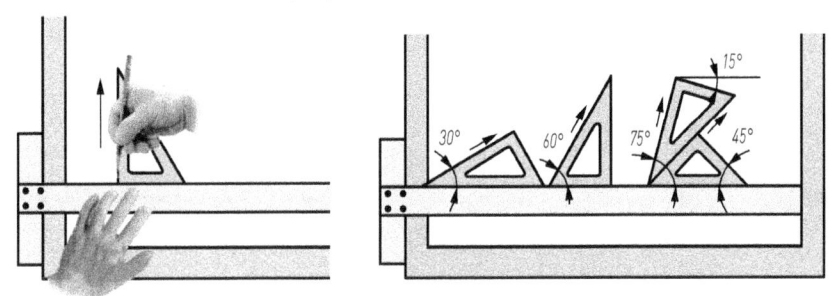

图 1-17 三角板与丁字尺的配合使用

画一画：拿出你的绘图工具，试着画一画吧。

3. 圆规和分规的使用

圆规用来画圆和圆弧，分规用来量取线段和等分线段，如图 1-18 所示。

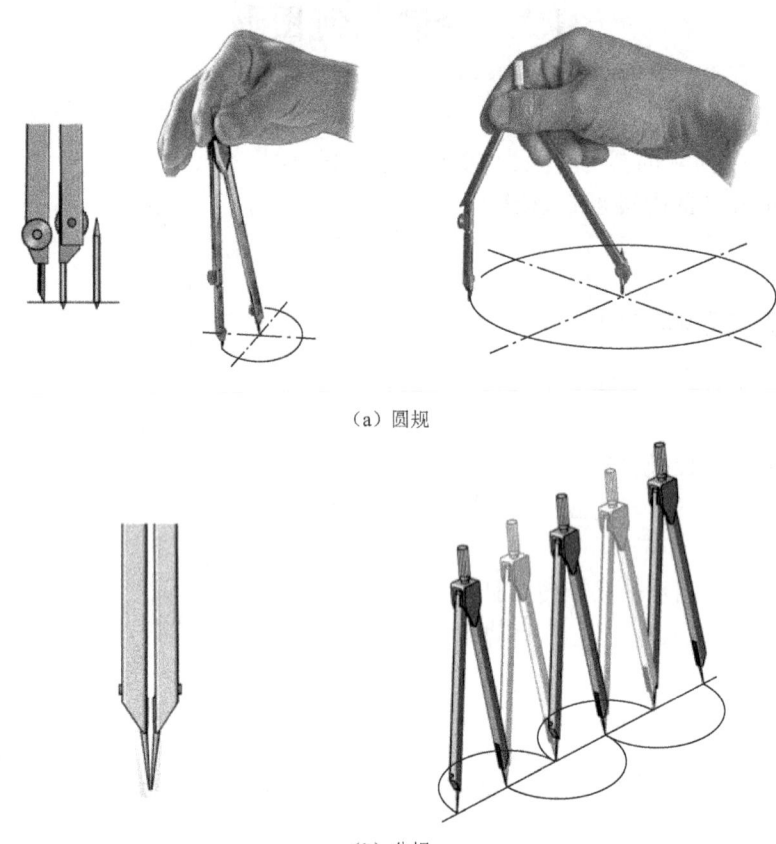

（a）圆规

（b）分规

图 1-18 圆规和分规的使用

4. 铅笔

铅笔是绘制机械图样的必备工具，"H"表示硬性铅笔，"B"表示软性铅笔。画细线或底线常用"H"或"HB"的铅笔，画粗线常用"B"或"HB"的铅笔，书写汉字、注写尺寸用"HB"的铅笔。

5. 其他工具

绘图工具还有橡皮、小刀、擦图片、胶带纸、曲线板等。

1.2.2 绘制圆的内接正六边形

作图步骤：

(1) 以点 A 为圆心，OA 为半径画弧交圆周于点 C、D。

(2) 以点 B 为圆心，OB 为半径画弧交圆周于点 E、F。

(3) 顺次连接 A、D、E、B、F、C 六点，即得圆的内接正六边形，如图 1-19 所示。

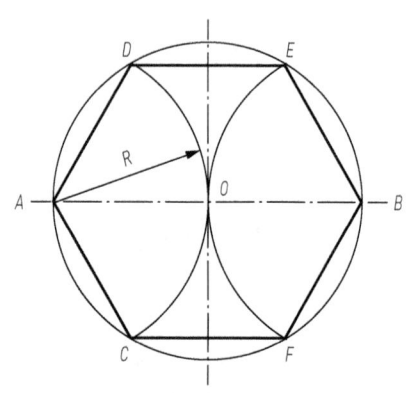

图 1-19 圆的内接正六边形

1.2.3 绘制圆的内接正五边形

作图步骤：

（1）作 *OB* 的垂直平分线，交 *OB* 于点 *P*。

（2）以点 *P* 为圆心、*PC* 为半径画弧，交 *OA* 于点 *H*。

（3）*CH* 即为正五边形的边长，以 *CH* 为半径等分圆周，得五等分点，顺次连接 5 个等分点，即得圆的内接正五边形，如图 1-20 所示。

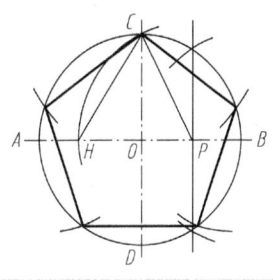

图 1-20 圆的内接正五边形

任务训练

你能画出图 1-21 所示的五角星吗？试试吧。

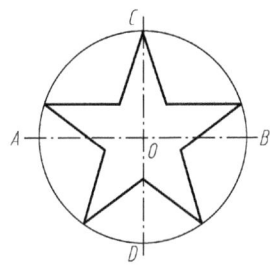

图 1-21 五角星

1.3 绘制连接弧

任务引领

用半径为 *R* 的圆弧光滑地连接一直线和一圆弧，如图 1-22 所示。

图 1-22 绘制连接弧

任务链接

1.3.1 圆弧连接的概念

用一圆弧光滑连接相邻两线段的作图方法称为圆弧连接，圆弧连接的实质是使连接弧与已知弧相切，如图 1-23 所示。

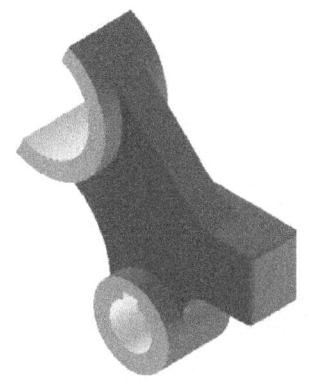
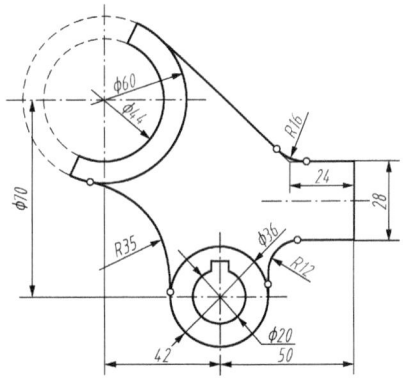

图 1-23 拨叉

想一想：图 1-23 中的圆弧连接有几种情况？与同学们交流一下。

1.3.2 圆弧连接的作图方法

（1）找出连接圆弧的圆心。
（2）找出连接点（即切点）的位置。
（3）画连接圆弧。

1.3.3 圆弧连接的类型

1. 两直线间的圆弧连接

已知两直线，用半径为 R 的圆弧光滑连接两直线，如图 1-24 所示。

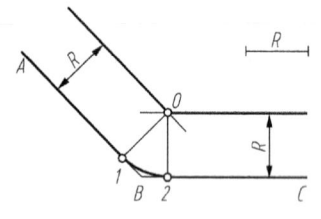

图 1-24 两直线间的圆弧连接

作图步骤：

（1）定圆心。分别作 AB、BC 的平行线，距离为 R，得交点 O，即连接圆弧的圆心。

（2）找出连接点（切点）。自点 O 向 AB、BC 分别作垂线，垂足 1、2 即连接点。

（3）画连接圆弧。以点 O 为圆心、R 为半径，作圆弧 12，把 AB、BC 连接起来，即所求圆弧。

2. 两圆弧间的圆弧连接

1）外连接

已知两圆弧的圆心分别为 O_1、O_2，半径分别为 R_1、R_2，要求用半径为 R 的圆弧光滑连接两已知圆弧（要求连接弧与已知圆弧均外切）。

作图步骤：

（1）定圆心。分别以点 O_1、O_2 为圆心，$R+R_1$、$R+R_2$ 为半径画圆弧，交于点 O，即连接圆弧的圆心。

（2）定连接点。连接 OO_1、OO_2，交已知圆弧于 1、2 两点，即圆弧的两个连接点。

（3）画连接圆弧。以点 O 为圆心，R 为半径，在 1、2 之间画圆弧，即所求圆弧，如图 1-25 所示。

2）内连接

已知两圆弧的圆心分别为 O_1、O_2，半径分别为 R_1、R_2，要求用半径为 R 的圆弧光滑连接两已知圆弧（要求连接弧与已知圆弧均内切）。

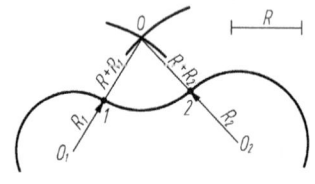

图 1-25 外切连接

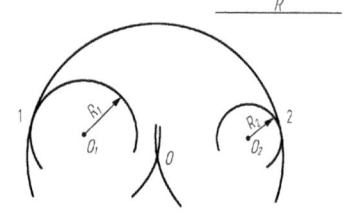

图 1-26 内切连接

作图步骤：

（1）定圆心。分别以点 O_1、O_2 为圆心，$R-R_1$、$R-R_2$ 为半径画弧，交于点 O，即连接圆弧的圆心。

（2）定连接点。连接 OO_1、OO_2，并延长，交已知圆弧于 1、2 两点，即圆弧的两个连接点。

（3）画连接圆弧。以点 O 为圆心，R 为半径，在 1、2 之间画圆弧，即所求圆弧，如图 1-26 所示。

3）混合连接

已知两圆弧的圆心分别为 O_1、O_2，半径分别为 R_1、R_2，要求用半径为 R 的圆弧光滑连两已知圆弧（要求与 R_1 外切，与 R_2 内切），如图 1-27 所示。

请同学们自行完成。

作图提示：

（1）定圆心。分别以点 O_1、O_2 为圆心，$R-R_1$、$R-R_2$ 为半径画弧，交于点 O，即连接弧的圆心。

图 1-27　混合连接

（2）定连接点。连接 OO_1、OO_2 并延长，交已知圆弧于两点，即圆弧的两个连接点。

（3）画连接圆弧。以点 O 为圆心，R 为半径，在两连接点之间画圆弧，即所求圆弧。

3．一直线与一圆弧之间的圆弧连接

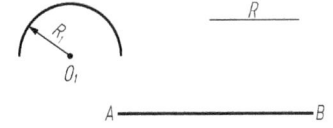

图 1-28　一直线与一圆弧之间的圆弧连接

已知连接圆弧半径为 R，直线 AB 和半径为 R_1 的已知圆弧，要求用半径为 R 的圆弧外切连接已知圆弧和直线。

画一画： 加油啊！你快完成目标了（在图 1-28 中试着做一做）！

作图提示：

（1）定圆心。先以点 O_1 为圆心、$R-R_1$ 为半径画弧，再作距离直线 AB 为 R 的平行线，与所画圆弧交于点 O，即连接圆弧的圆心。

（2）定连接点。先连接 OO_1，交已知圆弧于点 1，再过点 O 作直线 AB 的垂线，垂足为点 2，则 1、2 两点即圆弧的两个连接点。

（3）画连接圆弧。以点 O 为圆心、R 为半径，在 1、2 之间画圆弧，即所求圆弧。

任务训练

同学们学会连接弧的画法后，尝试绘制图 1-29 所示的平面图形，看哪些地方用到圆弧连接的知识，并与同学们交流一下该平面图形的作图步骤。

任务拓展

尝试绘制图 1-30 所示的平面图形。

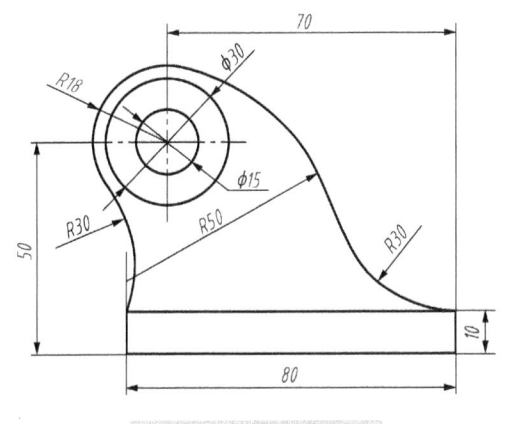

图 1-29　抄画平面图形 1

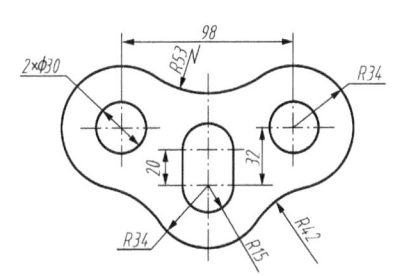

图 1-30　抄画平面图形 2

1.4 抄画平面图形

在现代工业生产中，各种机器、设备、仪器等都是由零件和部件组装而成的，而零部件的设计、制造和使用过程，都要通过图样来表达设计意图，并根据图样来进行生产。本任务通过平面图形的抄画，使学生掌握《机械制图》国家标准的有关规定，学会使用绘图工具，并选择正确的图线绘制平面图形。

任务引领

按 1∶1 的比例抄画图 1-31 所示的平面图形。

任务链接

平面图形是由各种线段连接而成的，这些线段之间的相对位置和连接关系，靠尺寸来确定，因此绘图以前应该进行尺寸分析。

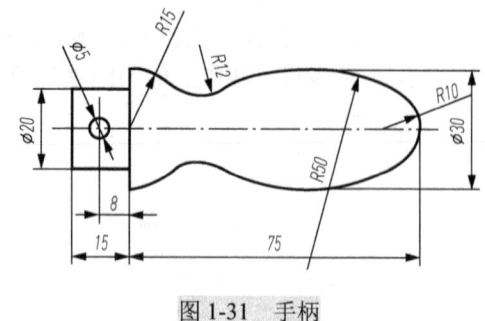

图 1-31 手柄

1.4.1 尺寸分析

1. 基准

基准就是尺寸标注的起点，一个图形有水平和垂直两个方向的基准。常选用下列图线作为尺寸标注的基准。

（1）对称中心线作基准。
（2）主要轮廓线作基准。
（3）较大的圆的中心线、较长的直径作基准。

2. 定形尺寸

凡是确定图形中各部分几何形状大小的尺寸称为定形尺寸，如图 1-31 所示的 $\phi 20$、15、$\phi 5$、$R10$、$R15$ 等。

3. 定位尺寸

凡是确定图形中各个组成部分与基准之间相对位置的尺寸称为定位尺寸，如图 1-31 所示的 8、$\phi 30$、75 等。

1.4.2 线段分析

（1）已知圆弧：凡具有完整的定形尺寸和定位尺寸，能直接画出的圆弧，如图 1-31 所示的 $R15$、$R10$。

（2）中间弧：仅知定形尺寸和圆心的一个定位尺寸，需借助与其一端相切的已知线段，求出圆心的另一个定位尺寸，才能画出的圆弧，如图 1-31 所示的 $R50$。

（3）连接圆弧：只有定形尺寸而无定位尺寸，需借助与其两端相切的已知线段，求出圆心的位置，才能画出的圆弧，如图 1-31 所示的 $R12$。

说一说：图 1-31 中哪些圆弧是已知圆弧，哪些圆弧是连接圆弧？并说明理由。

1.4.3 手柄的画图步骤

（1）画出基准线，并根据定位尺寸画出定位线，如图 1-32（a）所示。

（2）画出已知线段，如图1-32（b）所示。
（3）画出中间线段，如图1-32（c）所示。
（4）画出连接线段，如图1-32（d）所示。

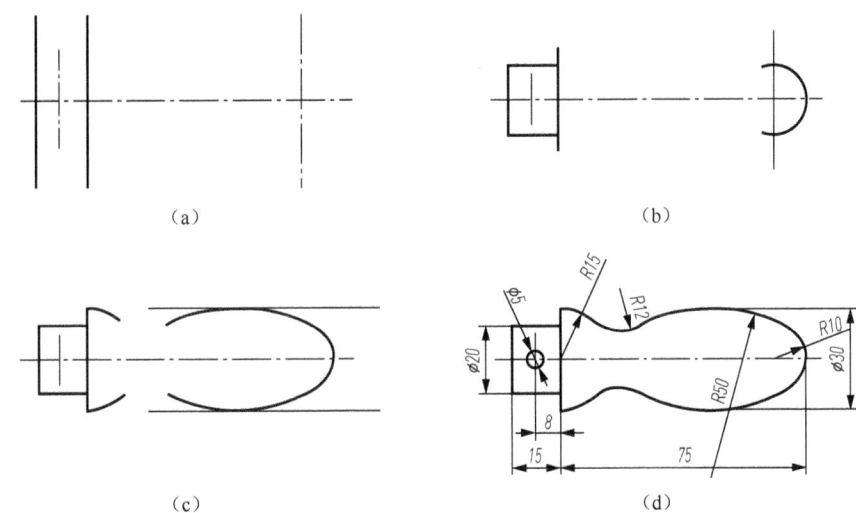

图1-32 手柄的画图步骤

任务训练

按1∶1的比例抄画图1-33所示的平面图形。

任务拓展

如果图1-34所示的图形你也能画出来，那么你就是画平面图形的高手了。（按1∶1的比例绘制。）

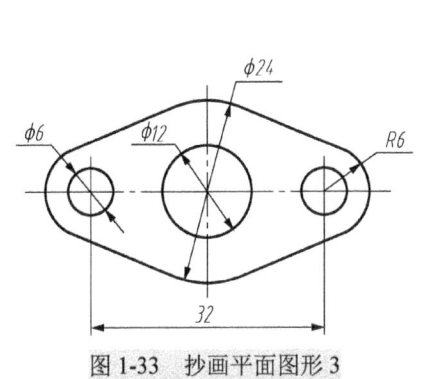

图1-33 抄画平面图形3

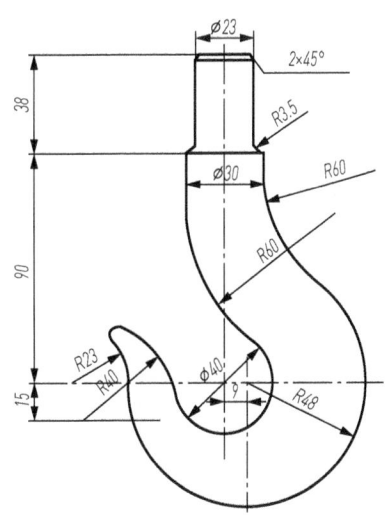

图1-34 钩子的平面图形

项目二 投影基础

本项目知识要点

（1）认识投影法，理解三投影面体系的概念和应用。

（2）探究三视图的形成过程，总结三视图的投影规律，初步形成空间思维能力，学会自主学习和小组合作学习。

（3）能正确分析组成形体的线、面的投影，掌握点、线、面的投影特性。

（4）能正确识读平面立体的三视图，掌握六棱柱、四棱锥等形体的投影特征。

（5）能正确识读曲面立体的三视图，掌握圆柱、圆锥等形体的投影特征。

（6）通过识读形体的三视图，提高空间想象力。

探索思考

表达一个形体的形状，一般要用几个视图？这几个视图之间有怎样的关系？

预习准备

用橡皮泥或萝卜等制作长方体和圆柱，思考长方体和圆柱的三面投影。

2.1 认识投影法

任务引领

观察图 2-1（a）和（b）所示的图形，思考平面图形是怎样投影得到的？

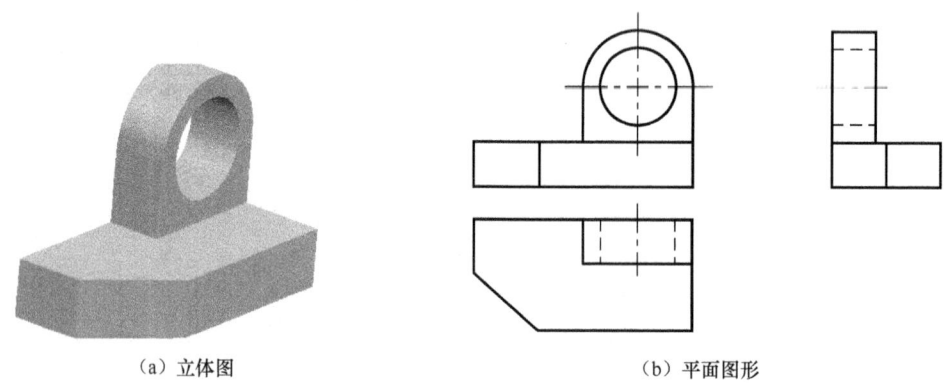

（a）立体图　　　　　　　　　　（b）平面图形

图 2-1　立体图及投影图

任务链接

2.1.1 投影现象和投影法

看一看：图 2-2 所示的投影分别表示哪些动物？

图 2-2 动物的投影

物体被灯光或日光照射，在地面或墙面上就会留下影子，这就是投影现象。人们在上述现象的启示下，以及在长期的生产实践中，经过反复地观察和研究，从物体和投影的对应关系中总结出了用投影原理在平面上表达物体形状的方法，这种方法就是投影法。投影法一般可分为两大类：一类称为中心投影法，另一类称为平行投影法。

2.1.2 投影法的分类

1. 中心投影法

如图 2-3 所示，我们把光源 S 称为投射中心，光线称为投射线，平面 P 称为投影面，在 P 平面上所得到的图形称为投影。由图可知，投射线都是从投射中心光源点灯泡发出的，投射线互不平行，所得的投影大小总是随物体的位置不同而改变。这种投射线互不平行且汇交于一点的投影法称为中心投影法，如图 2-3 所示。

用中心投影法所得到的投影不能反映物体的真实大小，因此它不适用于绘制机械图样。但是，中心投影法绘制的图形立体感较强，所以它适用于绘制建筑物的外观图以及美术画等。

2. 平行投影法

在图 2-3 中，随着投射中心 S 距离投影平面的远近不同，所得到的投影的大小就会不同。设想将投射中心 S 移到无穷远处，这时投射线互相平行，则投影面上的投影四边形 abcd 就会与空间四边形 ABCD 的轮廓大小相等，所得到的投影可以反映物体的实际形状，如图 2-4 所示。

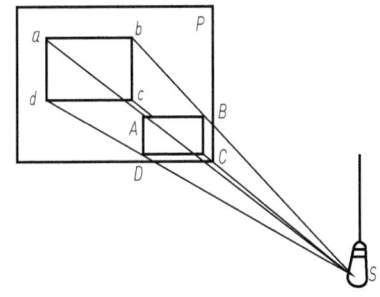

图 2-3 中心投影法

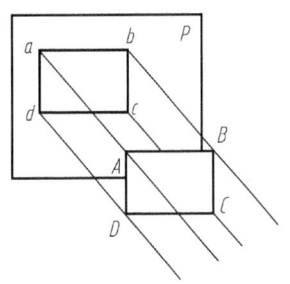

图 2-4 平行投影法

这种投射线互相平行的投影法称为平行投影法（图 2-4）。在平行投影法中，根据投射线与投影面所成角度不同，又可分为斜投影法和正投影法两种。

1）斜投影法

在平行投影法中，投射线与投影面倾斜成某一角度时，称为斜投影法。按斜投影法得到的投影称为斜投影，如图 2-5（a）所示。

2）正投影法

在平行投影法中，投射线与投影面垂直时，称为正投影法。按正投影法得到的投影称为正投影，如图 2-5（b）所示。

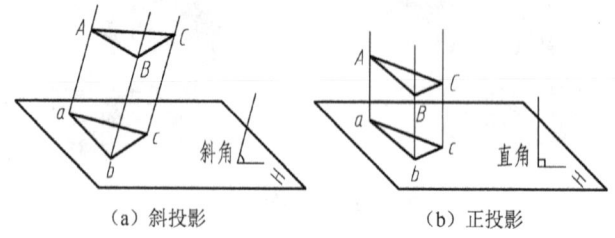

图 2-5 斜投影与正投影

由于用正投影法得到的投影能够表达物体的真实形状和大小，具有较好的度量性，绘制也较简便，因而在工程上得到了普遍应用。

任务解读

图 2-1（b）中的投影是运用平行投影法中的正投影得到的，它反映了图 2-1（a）所示的立体图的特征。

2.2 探究三视图的投影规律

任务引领

分组探究以下几个问题：

（1）如图 2-6（a）所示的三个图形分别反映形体哪些面的投影？

（2）你能在如图 2-6（b）所示的三个图形中找出形体的长、宽、高尺寸吗？

（3）你能在如图 2-6 所示的三个图形中指出形体的上、下、前、后、左、右方位吗？

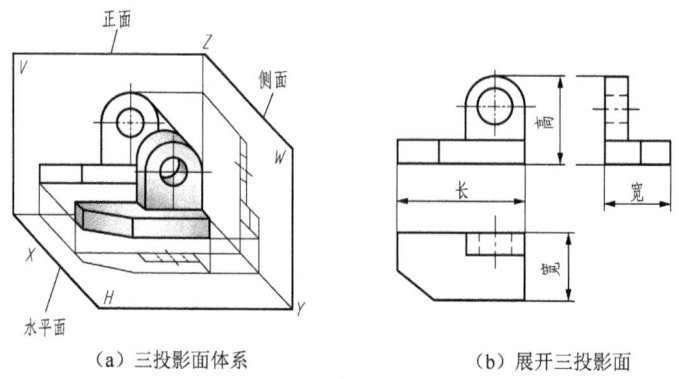

图 2-6 投影法与三视图

任务链接

物体是有长、宽、高三个尺度的立体。我们要认识它，就应该从上、下、左、右、前、后各个方向去观察它，才能对其有一个完整的了解。图 2-7 所示为四个不同的物体，只取它们一个投影面上的投影，如果不附加其他说明，则是不能确定各物体的整个形状的。要反映物体的完整形状，必须根据物体的繁简，多取几个投影面上的投影相互补充，才能把物体的形状表达清楚。

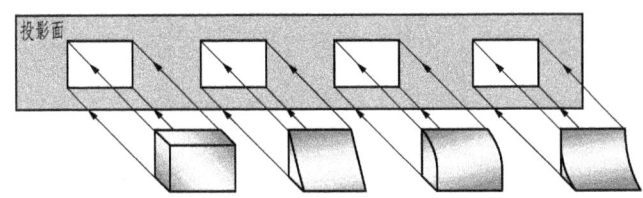

图 2-7 不同形状的物体在同一投影面上可以得到相同的投影

2.2.1 三投影面体系

表达物体的形状和大小，选取互相垂直的三个投影面，如图 2-8 所示。三个投影面的名称和代号解释如下。

正对观察者的投影面称为正立投影面（简称正面），代号用"V"表示。

右边侧立的投影面称为侧立投影面（简称侧面），代号用"W"表示。

水平位置的投影面称为水平投影面（简称水平面），代号用"H"表示。

这三个互相垂直的投影面就好像室内一角，即像相互垂直的两堵墙壁和地板那样，构成一个三投影面体

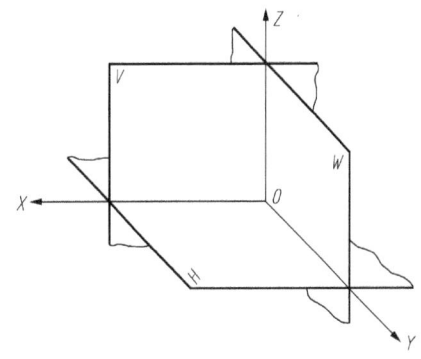

图 2-8 三投影面体系

系。当物体分别向三个投影面作正投影时，就会得到物体的正面投影（V 面投影）、侧面投影（W 面投影）和水平面投影（H 面投影）。

由于三投影面彼此垂直相交，故形成三根投影轴，它们的名称分别是：

正立投影面（V）与水平投影面（H）相交的交线，称 OX 轴，简称 X 轴。

水平投影面（H）与侧立投影面（W）相交的交线，称 OY 轴，简称 Y 轴。

正立投影面（V）与侧立投影面（W）相交的交线，称 OZ 轴，简称 Z 轴。

X、Y、Z 三轴的交点称为原点，用"O"表示。

2.2.2 三视图的形成

在工程上，假设把物体放在观察者与投影面体系之间，如图 2-9（a）所示，将观察者的视线看成投射线，且互相平行地垂直于各投影面进行观察，可获得正投影。这种按正投影法并根据有关标准和规定画出的物体的图形，称为视图。正面投影（由物体的前方向后方投射所得到的视图）称为主视图，水平面投影（由物体的上方向下方投射所得到的视图）称为俯视图，侧面投影（由物体的左方向右方投射所得到的视图）称为左视图。

为了把空间的三个视图画在一个平面上，就必须把三个投影面展开摊平。展开的方法是：

正面（V）保持不动，水平面（H）绕 OX 轴向下旋转 90°，侧面（W）绕 OZ 轴向右旋转 90°，使它们和正面（V）展成一个平面，如图 2-9（b）、（c）所示。这样展开在一个平面上的三个视图，称为物体的三面视图，简称三视图。投影面的边框是设想的，所以不必画出。去掉投影面边框后的物体的三视图，如图 2-9（d）所示。

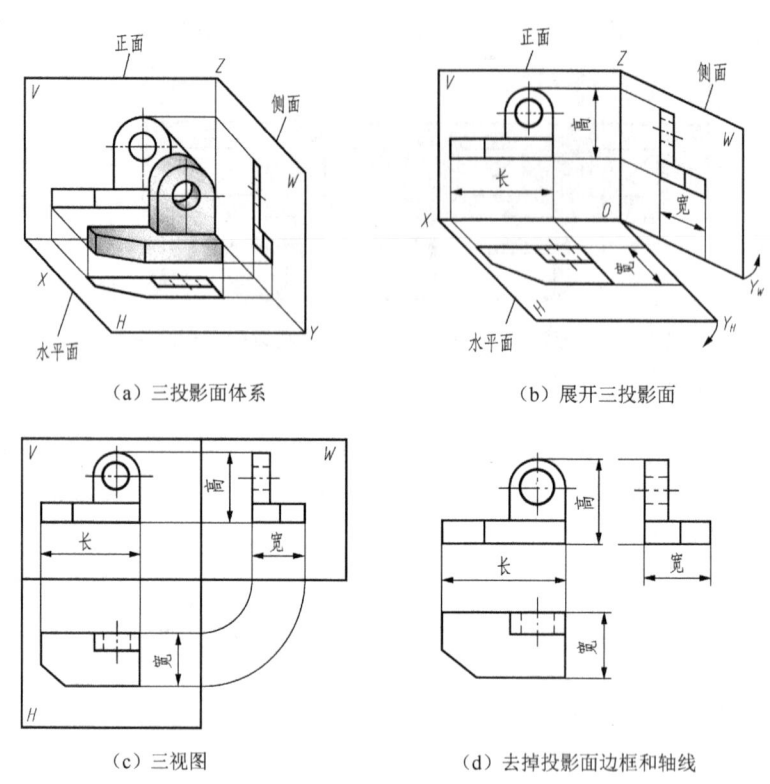

图 2-9　三视图的形成

2.2.3　三视图的投影关系及投影规律

1. 位置关系

由图 2-9（c）可知，物体的三个视图按规定展开，摊平在同一平面上以后，具有明确的位置关系，主视图在上方，俯视图在主视图的正下方，左视图在主视图的正右方。

2. 投影关系

任何一个物体都有长、宽、高三个方向的尺寸。在物体的三视图中，由图 2-9（c）可以看出：主视图反映物体的长度和高度，俯视图反映物体的长度和宽度，左视图反映物体的高度和宽度。

由于三个视图反映的是同一物体，其长、宽、高是一致的，所以每两个视图之间必有一个相同的度量。即主、俯视图反映了物体的同样长度（等长），主、左视图反映了物体的同样高度（等高），俯、左视图反映了物体的同样宽度（等宽）。

因此，三视图之间的投影对应关系为：主视、俯视长对正（等长），主视、左视高平齐（等高），俯视、左视宽相等（等宽）。

上面所归纳的"三等"关系，简单地说就是"长对正，高平齐，宽相等"。对于任何一个物体，不论是整体，还是局部，这个投影对应关系都保持不变。"三等"关系反映了三个视图之间的投影规律，是看图、画图和检查图样的依据。

3. 方位关系

三视图不仅反映了物体的长、宽、高，同时也反映了物体的上、下、左、右、前、后 6 个方位的位置关系。从图 2-10 中，可以看出以下几点。

主视图反映了物体的上、下、左、右方位。

俯视图反映了物体的前、后、左、右方位。

左视图反映了物体的上、下、前、后方位。

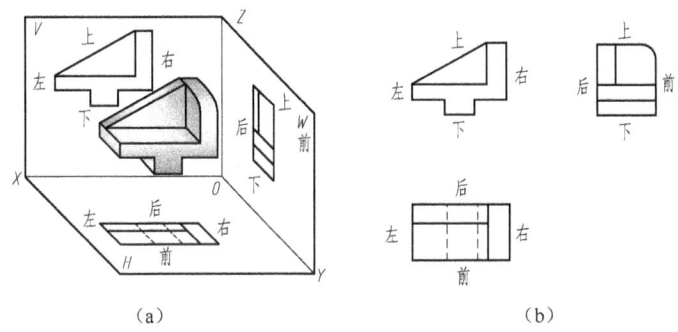

图 2-10 三视图反映物体六个方位的位置关系

任务解读

（1）主视图在正上方，俯视图在主视图的正下方，左视图在主视图的正右方。

（2）主视图反映物体的长度和高度，俯视图反映物体的长度和宽度，左视图反映物体的高度和宽度。

（3）主视图反映物体的上、下、左、右方位，俯视图反映物体的前、后、左、右方位，左视图反映物体的上、下、前、后方位。

任务训练

选择正确的第三视图，并说明选择的依据。

（1）在图 2-11 中选择正确的左视图（　　）。

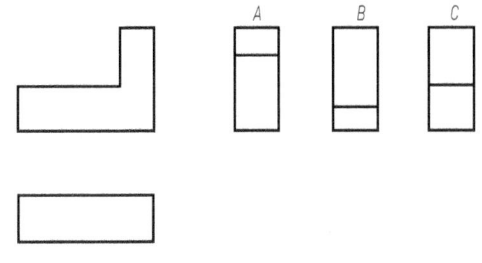

图 2-11 L 形棱柱

（2）在图 2-12 中选择正确的俯视图（　　）。

（3）在图 2-13 中选择正确的左视图（　　）。

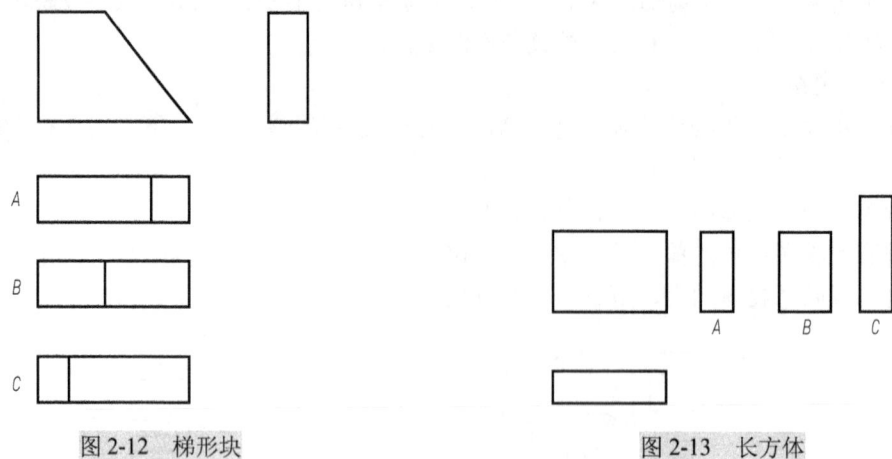

图 2-12 梯形块　　　　　　　　图 2-13 长方体

2.3　点、直线、平面的投影

任务引领

对照立体图，在图 2-14 所示的三视图上标出点 C、直线 AB、平面 M 和平面 N 的三面投影。

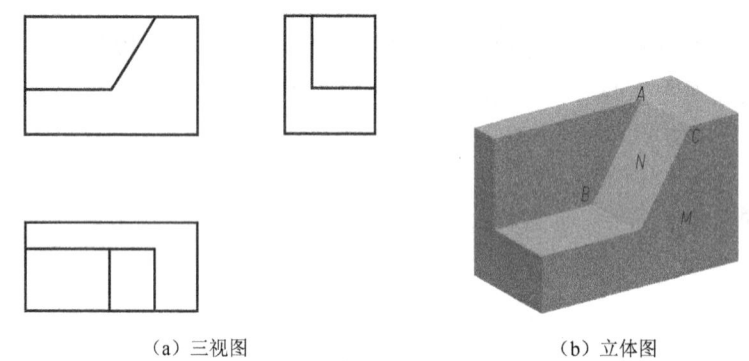

(a) 三视图　　　　　　　　(b) 立体图

图 2-14　长方体的切割

任务链接

2.3.1　点的投影

1. 点的投影特性及基本概念

1）特性

点的投影永远是点。

2）标记

空间点用大写字母 A、B、C、…表示。

V 面上的投影用相应的小写字母 a'、b'、c'、…表示。

W 面上的投影用 a''、b''、c''、…表示。

H 面上的投影用 a、b、c、…表示。

3）投影面

投影面有 3 个，分别是正面（V 面）、侧面（W 面）、水平面（H 面）。

4）投影轴

投影轴有 3 条，分别是 OX、OY（OY_W、OY_H）、OZ。

点的投影如图 2-15 所示。

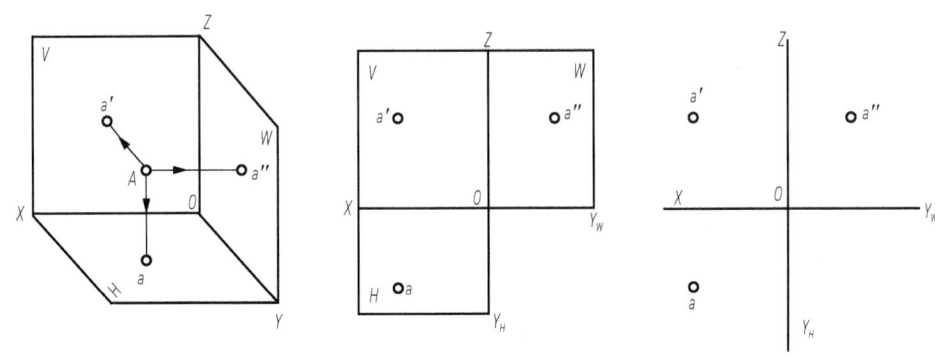

图 2-15　点的投影（1）

做一做：以教室的桌面作为 H 面，用手中的课本做一个三面体系，并指出 V 面、H 面、W 面和 X 轴、Y 轴、Z 轴。

5）点的投影规律

观察图 2-16，可以得出点的投影规律。

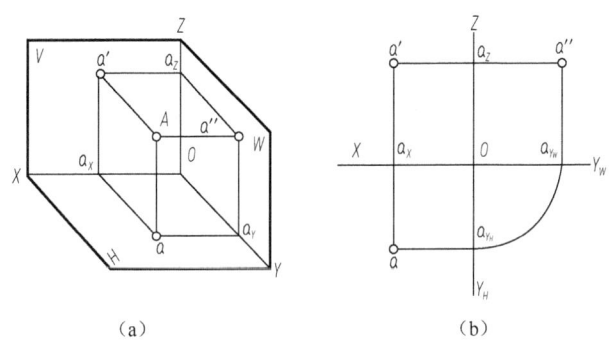

图 2-16　点的投影（2）

（1）点的 V 面投影与 H 面投影的连线一定垂直于 OX 轴，即 $aa' \perp OX$（长对正）。

（2）点的 V 面投影与 W 面投影的连线一定垂直于 OZ 轴，即 $a'a'' \perp OZ$（高平齐）。

（3）点的 H 面投影到 OX 轴的距离等于点的 W 面投影到 OZ 轴的距离，即 $aa_x = a''a_z$（宽相等）。

6）作图示例

如图 2-17 所示，已知空间点 A 的 V、W 面投影，求作第三面投影。

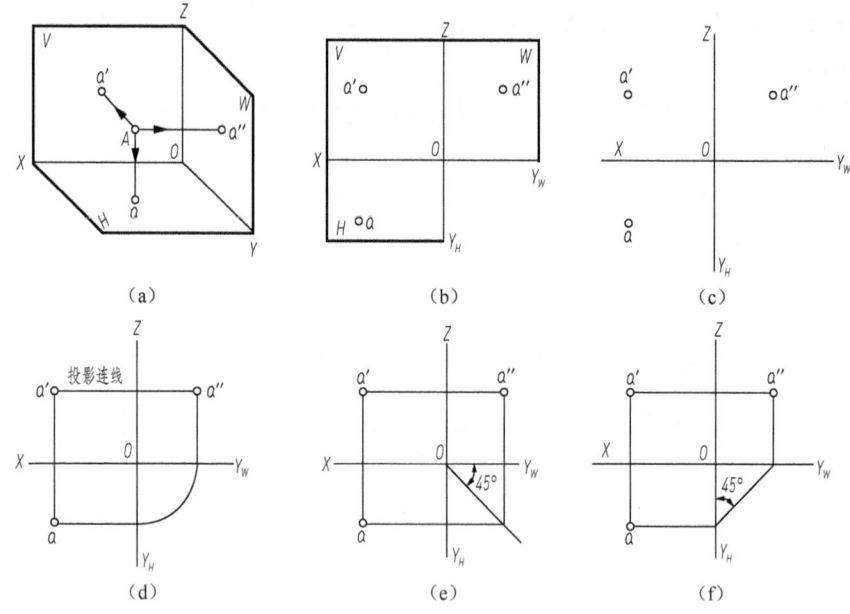

图 2-17 点的投影（3）

作图步骤：

（1）过 a' 点作 OX 轴的垂线。

（2）过 a'' 点作 OY_W 轴的垂线。

（3）以 O 点为圆心、Oa_{Y_W} 为半径画弧，交 OY_H 轴于点 a_{Y_H}。

（4）过 a_{Y_H} 点作 OY_H 轴的垂线，交 $a'a_X$ 的延长线于一点 a，即点 A 的 H 面投影，如图 2-17 所示。

2. 点的投影与坐标

点在空间的位置可由点到三个投影面的距离来确定，如图 2-18 所示。如果将三个投影面作为坐标面，投影轴作为坐标轴，则点的三面投影与点的三个坐标值有以下对应关系：

点 A 到 W 面的距离为 $Aa''=aa_Y=a'a_Z=Oa_X$，以 x 坐标标记。

点 A 到 V 面的距离为 $Aa'=aa_X=a''a_Z=Oa_Y$，以 y 坐标标记。

点 A 到 H 面的距离为 $Aa=a'a_X=a''a_Y=Oa_Z$，以 z 坐标标记。

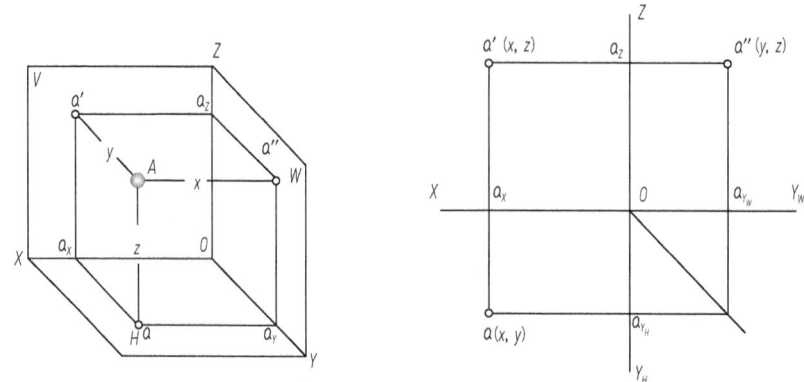

图 2-18 点的投影与坐标

由于 x 坐标确定空间点在投影面体系中的左右位置，y 坐标确定空间点在投影面体系中的前后位置，z 坐标确定点在投影面体系中的高低位置，因此点在空间的位置可以用坐标 x、y、z 确定。例如，点 A 的坐标为（30,15,20），表示点 A 的 x 坐标为 30mm；y 坐标为 15mm；z 坐标为 20mm。

例 2-1 如图 2-19（a）所示，已知点 A（20,10,18），求作其三面投影。

解 根据点的空间直角坐标值的含义可知

$$x_A=20mm=Oa_X$$
$$y_A=10mm=Oa_Y$$
$$z_A=18mm=Oa_Z$$

作图步骤（图 2-19（b）、（c）、（d））：

（1）画出投影轴，定出原点 O。

（2）在 OX 轴的正向量取 Oa_X=20，定出 a_X（图 2-19（b））。

（3）过 a_X 作 OX 轴的垂线，在垂线上沿 OZ 方向量取 a_Xa'=18mm，沿 OY_H 方向量取 a_Xa=10mm，分别得 a'、a（图 2-19（c））。

（4）过 a'作 OZ 轴的垂线，得交点 a_Z，在垂线上沿 OY_W 方向量取 a_Za''=10mm，定出 a''；或由 a 作 OX 轴平行线，得交点 a_{Y_H}，再用圆规作图得 a''（图 2-19（d））。

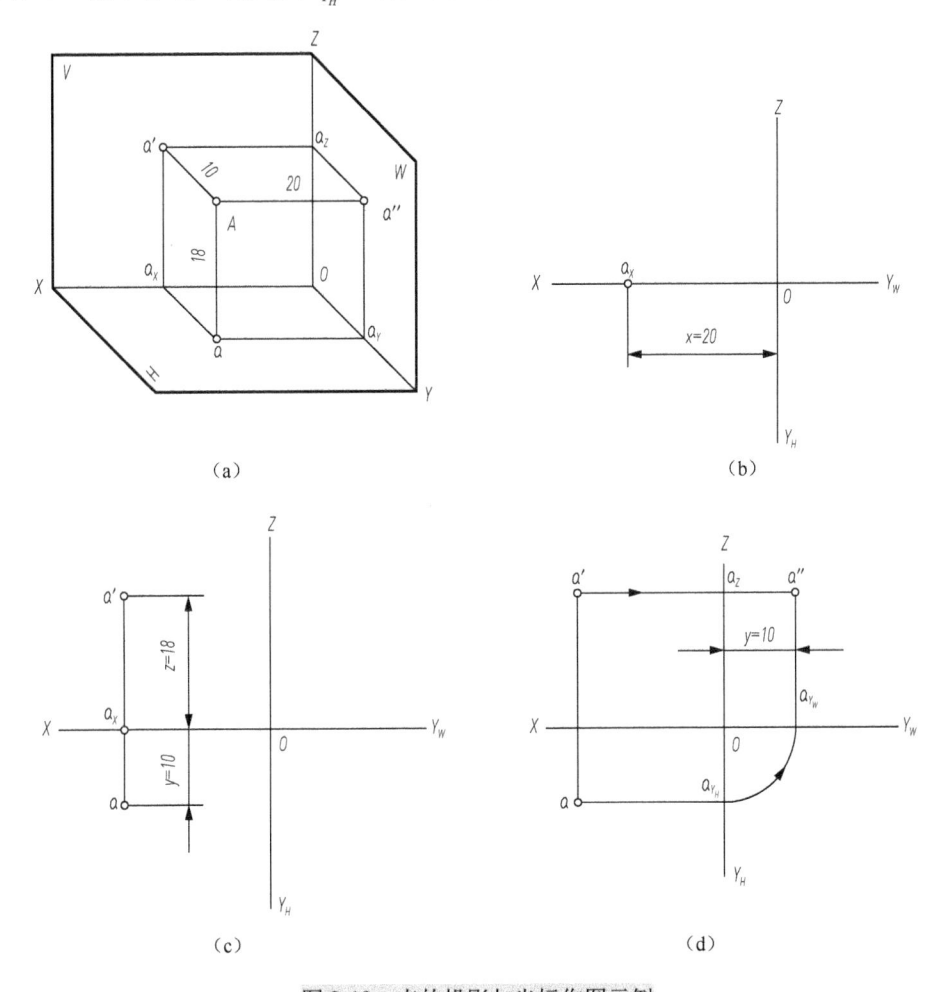

(a)

(b)

(c)

(d)

图 2-19 点的投影与坐标作图示例

3. 两点的相对位置

两点的相对位置是以一点为基准，判别其他点相对于这一点的左右、上下、前后位置关系。

在三投影面体系中，两点的相对位置是由两点的坐标差决定的。如图 2-20 所示，已知空间两点 A (x_A, y_A, z_A) 和 B (x_B, y_B, z_B)。两点 A、B 的左右位置：由于 $x_A>x_B$，因此点 A 在左，点 B 在右；两点 A、B 的前后位置：由于 $y_B>y_A$，因此点 B 在前，点 A 在后；两点 A、B 的上下位置：由于 $z_B>z_A$，因此点 B 在上，点 A 在下。概括地说，就是点 B 在点 A 的右、前、上方。

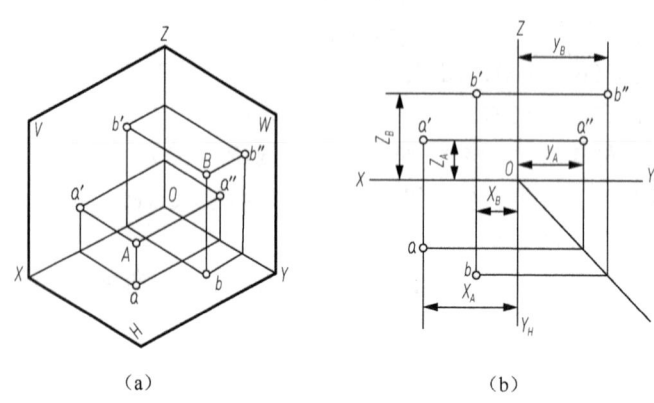

(a)

(b)

图 2-20 两点的相对位置

2.3.2 直线的投影

1. 直线的投影特性

直线相对于投影面的位置及其投影有以下三种情况，如图 2-21 所示。

空间直线平行投影面，投影实长线（真实性）。

空间直线垂直投影面，投影聚一点（积聚性）。

空间直线倾斜投影面，投影变短线（收缩性）。

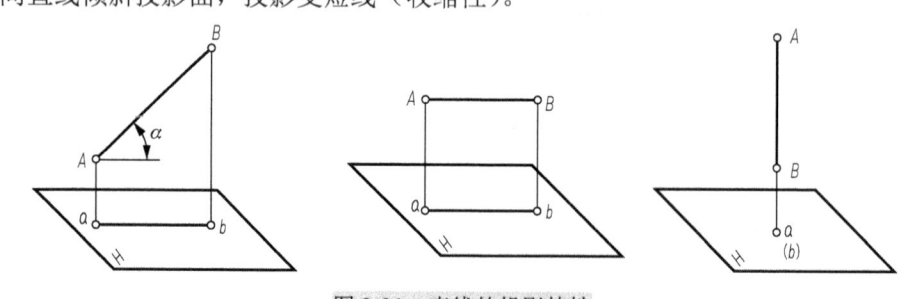

图 2-21 直线的投影特性

2. 直线的类型

1）一般位置直线

空间直线倾斜三个投影面，投影具有收缩性。

2）投影面平行线

空间直线平行一面倾斜另两面，投影具有真实性、收缩性，见表 2-1。

(1) 平行 V 面倾斜 W 面、H 面：正平线。

(2) 平行 W 面倾斜 V 面、H 面：侧平线。

(3) 平行 H 面倾斜 V 面、W 面：水平线。

表 2-1 投影面平行线

名　称	立体图	投影图
正平线（∥V面）		
水平线（∥H面）		
侧平线（∥W面）		

投影特性：在所平行的投影面上的投影为一段反映实长的斜线；
在其他两个投影面上的投影分别平行于相应的投影轴，长度缩短

3）投影面垂直线

空间直线垂直一面平行另两面，投影具有积聚性、真实性，见表 2-2。
（1）垂直 V 面平行 W 面、H 面：正垂线。
（2）垂直 H 面平行 V 面、W 面：铅垂线。
（3）垂直 W 面平行 V 面、H 面：侧垂线。
说明：两点决定一条直线，作直线的投影时，只要作出直线上两点的投影，连接即可。

表 2-2 投影面垂直线

名　称	立体图	投影图
正垂线（⊥V面）		
铅垂线（⊥H面）		
侧垂线（⊥W面）		

投影特性：在所垂直的投影面上的投影积聚为一点；
在其他两个投影面上的投影分别平行于相应的投影轴，且反映实长

做一做： 以教室的桌面和课本做一个三面体系，用铅笔代替直线，摆出直线在三面体系中的七种类型。

2.3.3 平面的投影

1．平面的投影特性

平面相对于投影面的位置及投影有以下三种情况，如图 2-22 所示。

（1）空间平面平行投影面，投影原形现（真实性）；

（2）空间平面垂直投影面，投影聚成线（积聚性）；

（3）空间平面倾斜投影面，投影面积变（收缩性）。

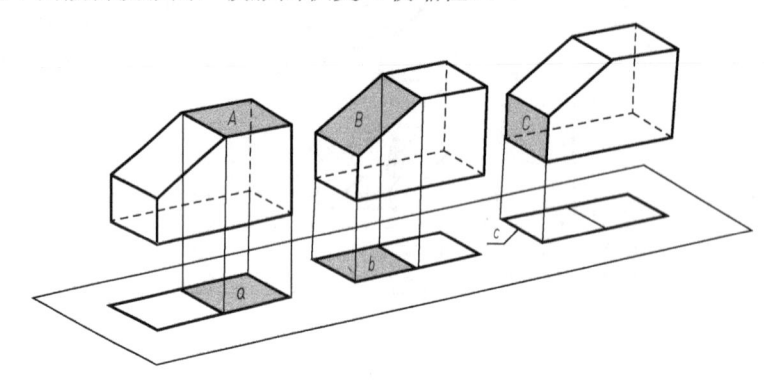

图 2-22　平面的投影特性

2．平面的类型

1）一般位置平面

空间平面倾斜三个投影面，投影都具有收缩性。

2）投影面平行面

空间平面平行一个投影面垂直另两面，投影具有真实性、积聚性，见表 2-3。

（1）平行 V 面垂直 W 面、H 面：正平面。

（2）平行 W 面垂直 V 面、H 面：侧平面。

（3）平行 H 面垂直 V 面、W 面：水平面。

表 2-3　投影面平行面

名　称	立体图	投影图
正平面（∥V面）		
水平面（∥H面）		

续表

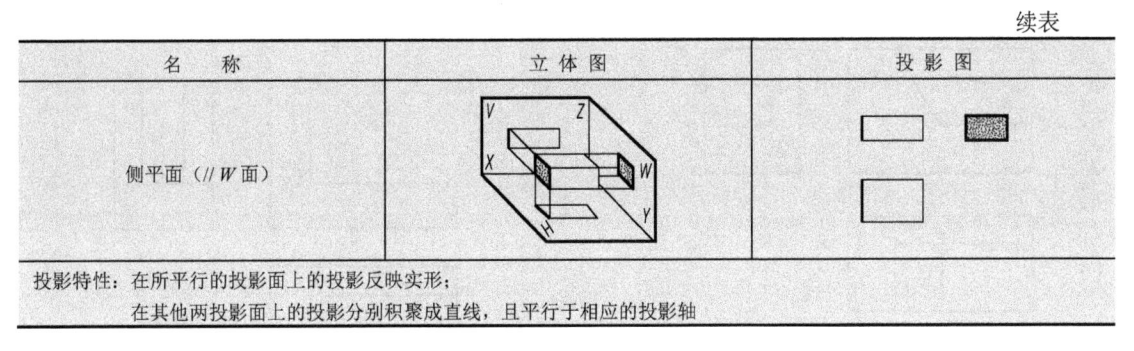

名 称	立 体 图	投 影 图
侧平面（// W 面）		

投影特性：在所平行的投影面上的投影反映实形；
在其他两投影面上的投影分别积聚成直线，且平行于相应的投影轴

3）投影面垂直面

空间直线垂直一面倾斜另两面，投影具有积聚性、收缩性，见表 2-4。

（1）垂直 V 面倾斜 W 面、H 面：正垂面。

（2）垂直 W 面倾斜 V 面、H 面：侧垂面。

（3）垂直 H 面倾斜 V 面、W 面：铅垂面。

表 2-4 投影面垂直面

名 称	立 体 图	投 影 图
正垂面（⊥V 面）	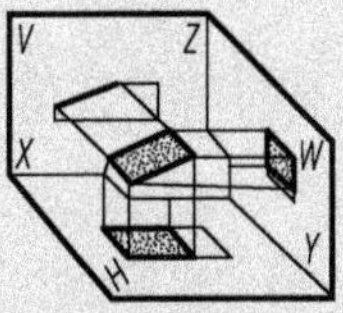	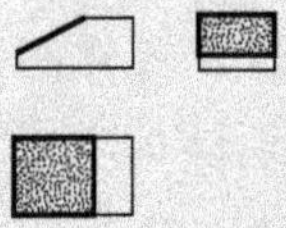
铅垂面（⊥H 面）	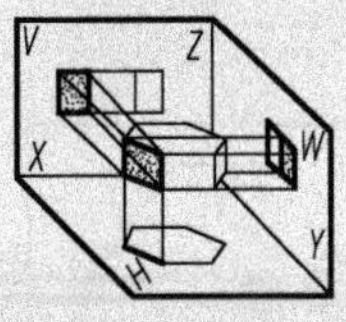	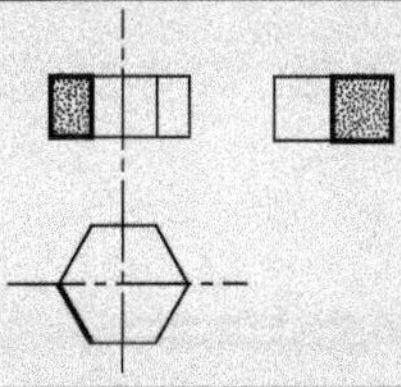
侧垂面（⊥W 面）	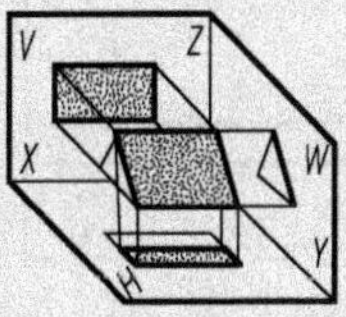	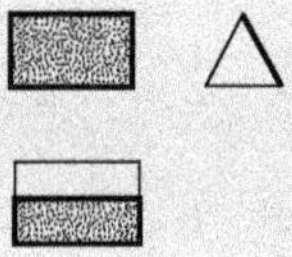

投影特性：在所垂直的投影面上的投影积聚为一段斜线；
在其他两投影面上的投影均为缩小的类似形

任务解读

通过本节的学习，我们可以在图 2-23 中标出点 C、直线 AB、平面 M 和平面 N 的三面投影，还可以判断出直线 AB 为正平线，平面 M 为正平面，平面 N 为水平面。

任务训练

在图 2-24 所示的图形中注出 A、B、C、D 四个面的另外两面投影，并填空。

比较前后：A 面（   ），B 面（   ）。

比较上下：C 面（   ），D 面（   ）。

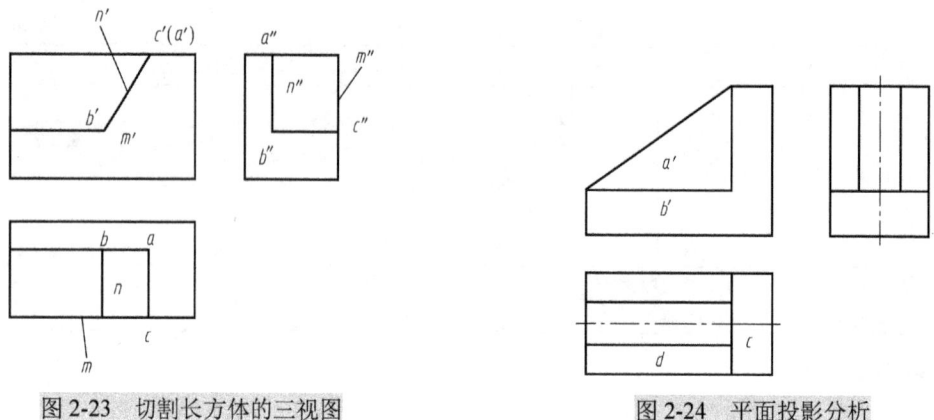

图 2-23　切割长方体的三视图　　　　图 2-24　平面投影分析

任务拓展

做一做：以教室的桌面和课本做一个三面体系，用三角板代替平面，摆出平面在三面体系中的 t 种类型。

2.4　平面立体的三视图

任何一个零件都是由两个或两个以上的基本几何体组合而成的，因此我们要学会看图，首先得会识读基本几何体的投影。

任务引领

想一想：图 2-25 所示的叠加形体由几部分组成？各部分的形状和尺寸是怎样的？

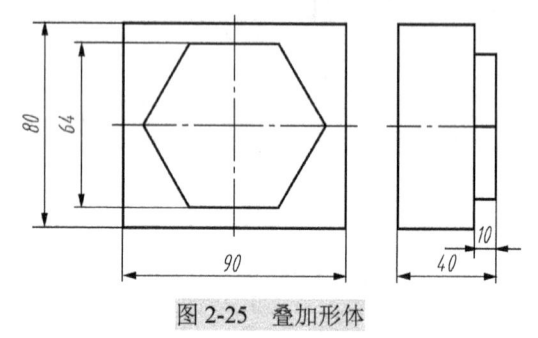

图 2-25　叠加形体

任务链接

机器上的零件，由于其作用不同，而有各种各样的结构形状，但不管形状如何复杂，都可以看成由一些简单的基本几何体组合起来的。基本几何体根据表面性质不同，可分为平面立体和曲面立体两大类，如图 2-26 所示。

图 2-26　基本几何体

平面立体：表面都是由平面构成的立体，如棱柱、棱锥。

曲面立体：表面由曲面和平面或全由曲面构成的立体，如圆柱、圆锥、球等。

想一想：哪些基本体是平面立体？哪些基本体是曲面立体？

2.4.1 棱柱

1. 概念

棱柱是由两个平行的多边形底面和几个矩形的侧面围成的立体。侧面与侧面的交线称为棱线，棱线相互平行。

2. 三视图分析

下面以六棱柱为例分析棱柱的三视图。如图 2-27 所示，为一正六棱柱，其顶面、底面均为水平面，它们的水平投影反映实形，正面及侧面投影积聚为直线。前后面为正平面，正面投影反映实形，另两面投影积聚为直线。其余四个侧面为铅垂面，水平投影积聚为直线，另两面投影为类似形。

3. 作图步骤

（1）画出三个视图的对称线作为基准线，然后画出六棱柱的俯视图，如图 2-28（a）所示。

图 2-27 六棱柱的投影

（2）根据"长对正"和棱柱的高度画主视图，并根据"高平齐"画左视图的高度线，如图 2-28（b）所示。

（3）根据"宽相等"完成左视图，如图 2-28（c）所示。

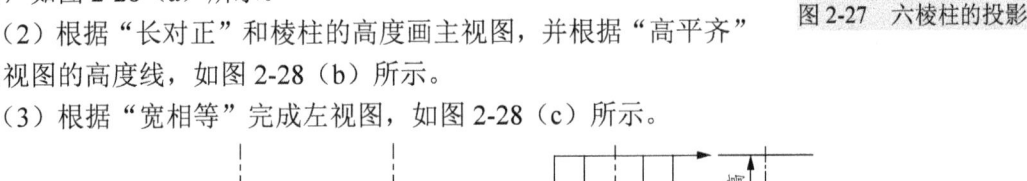

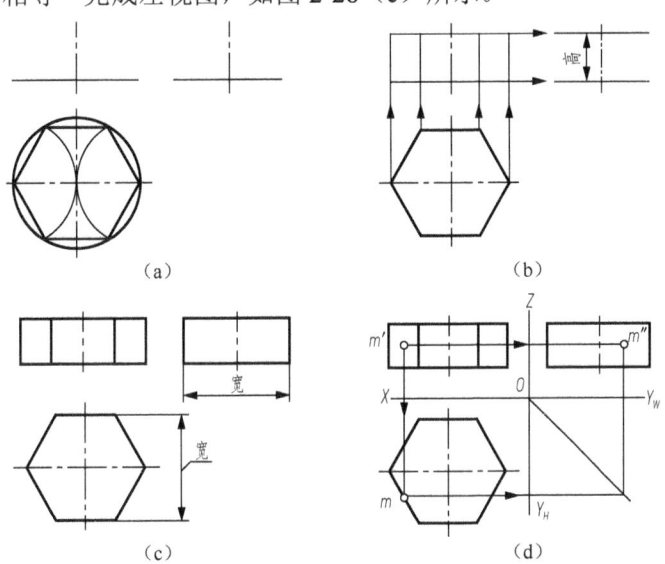

图 2-28 六棱柱的三视图及表面求点

做一做：当六棱柱的底面为正平面时，画出六棱柱的三视图。

4. 棱柱表面求点

例 2-2 在图 2-28（d）中，已知六棱柱左前棱面上点 M 的正面投影 m'，求其余两个投影 m 和 m''。

解 由于图示棱柱的表面都处在特殊位置，所以棱柱表面上点的投影均可用平面投影的积聚性来作图。

作图步骤：

（1）由于左棱面的水平投影积聚成直线，所以点 M 的水平面投影 m 一定在左棱面的水平面投影上。据此从 m' 向俯视图作投影连线，与该直线的交点即 m，如图 2-28（d）所示。

（2）根据"高平齐，宽相等"的投影规律，由正面投影 m' 和水平面投影 m 就可求得侧面投影 m"，如图 2-28（d）所示。

2.4.2 棱锥

1. 三视图分析

下面以四棱锥为例，分析棱锥的三视图。四棱锥的投影图与三视图，如图 2-29 所示。

（1）俯视图。底面平行于 H 投影面，投影反映实形，对角线的交点为锥顶点的投影。

（2）主、左视图。两个视图的投影完全一样，都是等腰三角形线框，均不反映实形，前与后、左与右的投影重合。

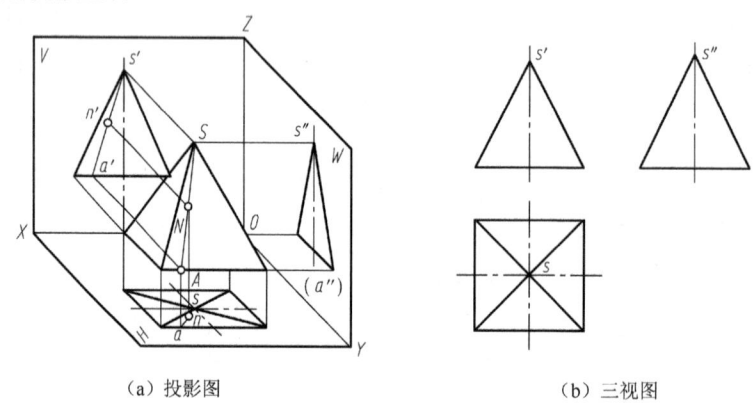

（a）投影图　　　　　　　　（b）三视图

图 2-29　四棱锥的投影图与三视图

想一想： 主、左视图中的两腰分别表示哪些面的投影？

2. 作图步骤

（1）先画出三个视图的对称线作为基准线，然后画出四棱锥的俯视图，如图 2-30（a）所示。

（2）根据"长对正"和棱锥的高度画主视图的锥顶与底面，并根据"高平齐，宽相等"画左视图的锥顶和底面，如图 2-30（b）所示。

（3）连棱线，完成全图，如图 2-30（c）所示。

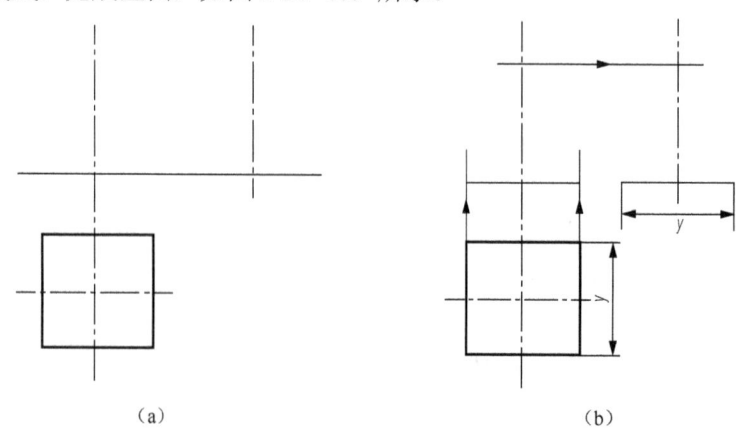

（a）　　　　　　　　　　（b）

(c) (d)

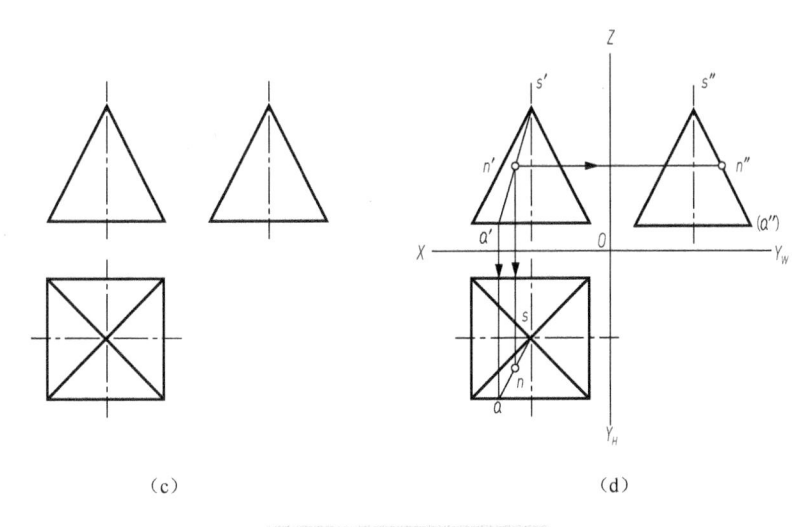

图 2-30 四棱锥的作图步骤

做一做： 当四棱锥的底面为侧平面时，画出四棱锥的三视图。

3. 棱锥表面求点

例 2-3 在图 2-29（a）中，已知四棱锥前侧面上点 N 的正面投影 n'，求其余的两面投影 n 和 n''。

解 凡属于特殊位置表面上的点，可利用投影的积聚性直接求得；而属于一般位置表面上的点，可通过在该面上做辅助线的方法求得。

作图步骤：

（1）过锥顶点 S 及表面点 N 作一条辅助线 SA，点 N 的水平面投影 n 必在 SA 的水平面投影 sa 上，如图 2-29（a）和图 2-30（d）所示。

（2）根据"长对正"，由 n' 求出 n，如图 2-30（d）所示。

（3）由 n' 和 n 可求出 n''。

由于四棱锥的前侧面垂直于 W 面，也可以先求出 n''，再由 n'' 和 n' 求出 n，这样就不必作辅助线（图 2-30（d））。

通过对棱柱和棱锥的分析可知，画平面立体的三视图，实际上就是画出组成平面立体的各表面的投影。画图时，首先确定物体对投影面的相对位置；然后分析立体表面对投影面的相对位置——是平行于投影面，还是垂直于投影面，或是倾斜于投影面；最后根据平面的投影特点弄清各视图的形状，并按照视图之间的投影规律，逐步画出三视图。

在平面立体表面上取点的作图方法是：若立体表面是特殊位置面，则可利用积聚性这一投影特点；若立体表面是一般位置面，则要先作一条辅助线，然后在此辅助线上取点。

任务解读

图 2-25 所示的图形由两部分组成，前面是六棱柱，后面是长方体。长方体长 90mm，宽 30mm，高 80mm，六棱柱对边距为 64mm，厚度为 10mm。

任务训练

画出如图 2-31 所示的四棱台的三视图。

图 2-31 四棱台

任务拓展

你能想出三棱锥和五棱柱的三视图吗？和同学们交流一下吧。

2.5　曲面立体的三视图

任务引领

想一想：图 2-32 由几部分组成？各部分的形状是怎样的？尺寸分别是多少？

任务链接

2.5.1　识读与绘制圆柱的三视图

1. 圆柱的形成

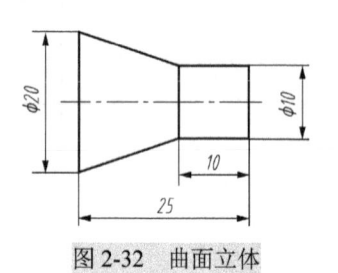

图 2-32　曲面立体

如图 2-33 所示，圆柱体表面是由圆柱面和上、下底平面（圆形）围成的，而圆柱面可以看作一条与轴线平行的直母线绕轴线旋转而成。圆柱面上任意一条平行于轴线的直线，称为圆柱面的素线。在投影图中处于轮廓位置的素线，称为轮廓素线（或称为转向轮廓线）。

2. 圆柱的三视图分析

（1）圆柱的三面投影如图 2-34 所示。主视图为矩形线框，上、下两条边是圆柱的上、下底面的积聚性投影，左右两条边是左右两条轮廓素线的投影。

（2）俯视图是圆，反映上下两个底面的实形，其轮廓线是圆柱面的积聚性投影。

（3）左视图为矩形线框，上、下两条边是圆柱的上、下底面的积聚性投影，前后两条边是前后两条轮廓素线的投影。

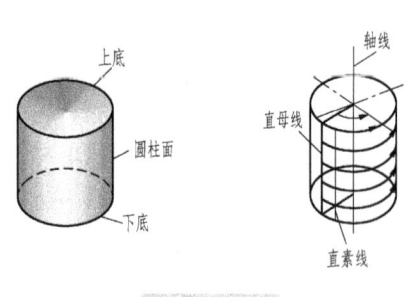

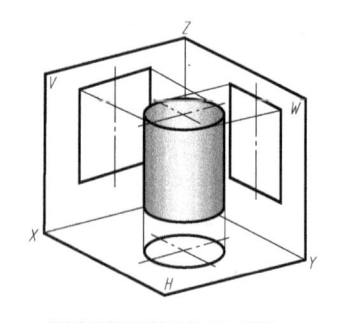

图 2-33　圆柱　　　　图 2-34　圆柱的三面投影

3. 圆柱的作图步骤

图 2-35 所示为圆柱的作图步骤。

（1）先画出圆的中心线，然后画出积聚的圆。

（2）以中心线和轴线为基准，根据投影的对应关系画出其余两个投影图，即两个矩形。

（3）完成全图。

(a)   (b)   (c)

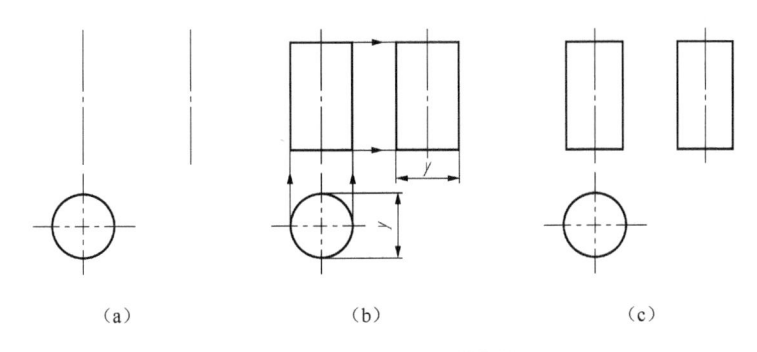

图 2-35 圆柱的作图步骤

想一想：当圆柱轴线垂直于 W 面和 H 面时，圆柱的三视图分别是怎样的？试归纳圆柱的投影特征。

4．圆柱表面求点

例 2-4 如图 2-36 所示，已知圆柱面上两个点 A、B 的 V 面投影 a' 和（b'）重影，求作 A、B 两点的 H 面投影和 W 面投影。

解 如图 2-36 所示，a' 为可见点的投影而（b'）为不可见点的投影，可知点 A 在前半圆柱面上，点 B 在后半圆柱面上。

作图步骤：

（1）根据圆柱面在 H 面的投影具有积聚性，按"长对正"由 a'、（b'）作出 a 和 b，如图 2-36 所示。

（2）根据"高平齐，宽相等"，由 a'、a 和（b'）、b，作出 a'' 和 b''。由于 A、B 两点都在左半圆柱上，所以 a''、b'' 都是可见的。

做一做：图 2-37 由（　　）部分组成，第一段是（　　），直径是（　　），长度是（　　）；第二段是（　　），直径是（　　），长度是（　　）。

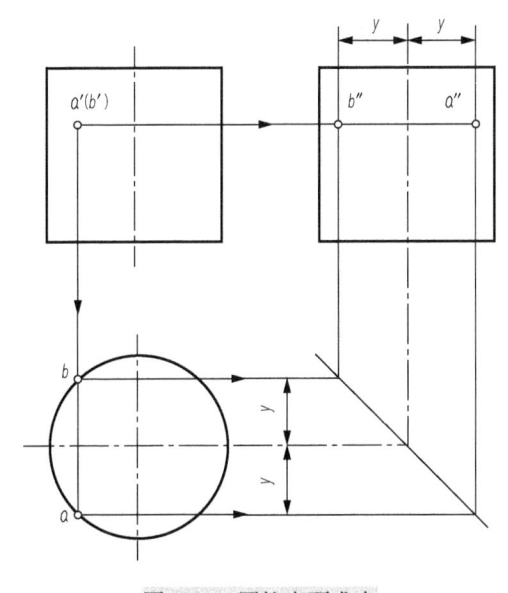

图 2-36 圆柱表面求点   图 2-37 阶梯轴

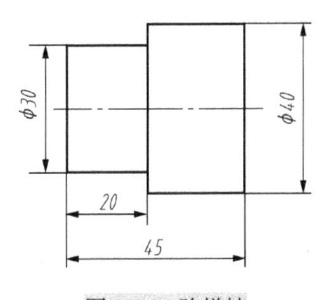

2.5.2 识读与绘制圆锥的三视图

1. 圆锥的形成
圆锥体的表面由圆锥面和圆形底面围成,而圆锥面则可看作由直母线绕与它斜交的轴线旋转而成,如图2-38所示。

2. 圆锥的三视图分析
圆锥的三面投影如图2-39所示。

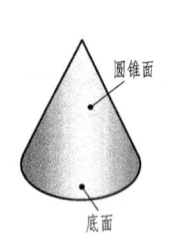

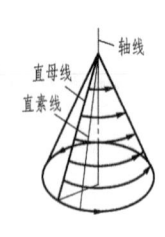

图2-38 圆锥

图2-39 圆锥的三面投影

(1) 主视图为等腰三角形,底边为圆锥底面的积聚性投影,两腰为圆锥左右两条轮廓素线投影。

(2) 俯视图为圆,它是圆锥底面的实形,同时也是圆锥面的投影。

(3) 左视图为等腰三角形,底边为圆锥底面的积聚性投影,两腰为圆锥前后两条轮廓素线投影。

3. 圆锥的作图步骤
圆锥的作图步骤如图2-40所示。
(1) 画中心线,然后画圆锥底面,即俯视图。
(2) 画出主视图和左视图的底线,并根据圆锥的高度画顶点。
(3) 连轮廓线,完成全图。

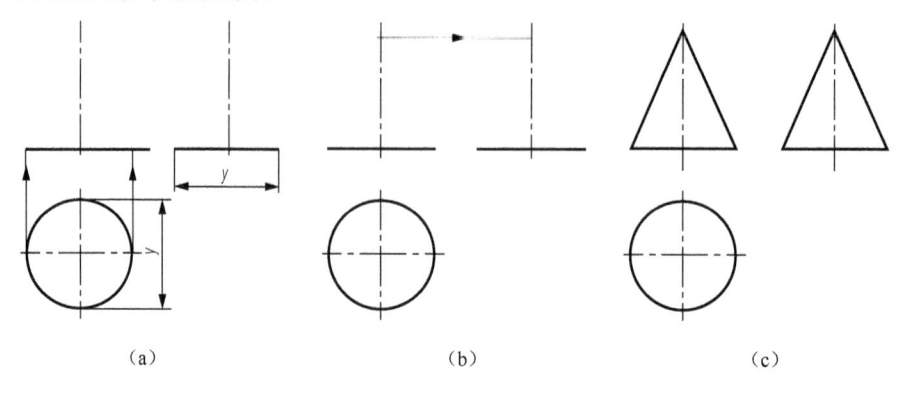

图2-40 圆锥的作图步骤

想一想:当圆锥轴线垂直于W面时,圆锥的三视图是怎样的?圆锥的投影有何特征?

4. 圆锥表面求点
例2-5 如图2-41所示,已知圆锥体表面上点A在V面上的投影为a',求作a和a''。

解 由图2-41可知，a'为可见点的投影，点A在前圆锥面上。求作圆锥表面上点的投影，可用下列两种方法。

1）辅助线法

如图2-41所示，作图步骤如下。

（1）在V面上过$s'a'$作辅助线交底圆于点m'。

（2）由m'作m。

（3）连接点s、m，sm为辅助线SM在H面上的投影。

（4）根据"长对正"，由a'在sm上，求出a。

（5）由a'和a，求出a''（图2-41）。

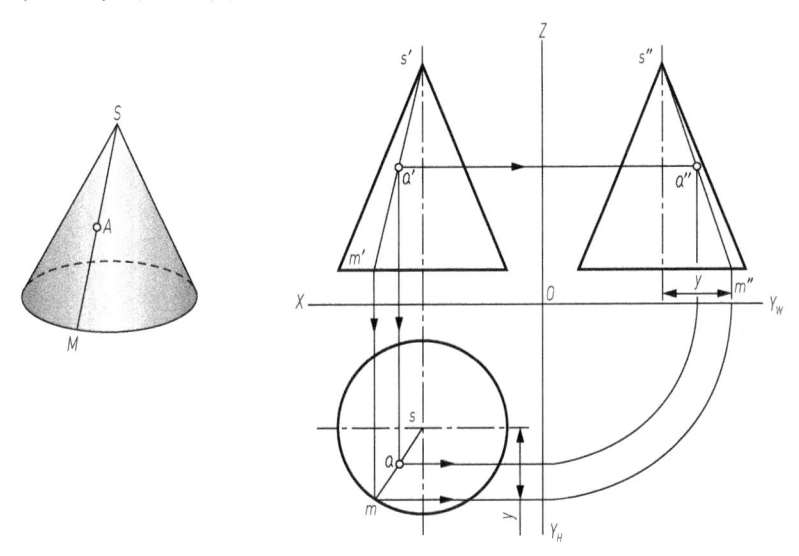

图2-41 辅助线法表面求点

2）辅助面法

如图2-42所示，作图步骤如下。

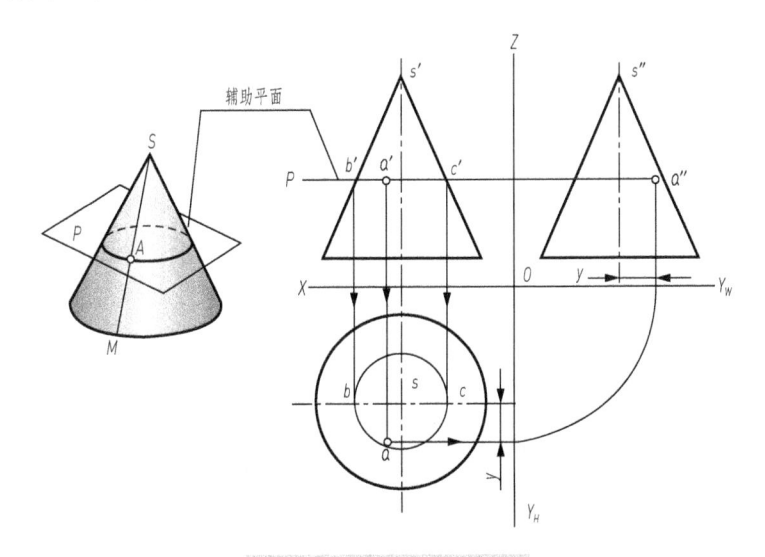

图2-42 辅助面法表面求点

(1) 过空间点 A 作一垂直于轴线的辅助平面 P；平面 P 与圆锥表面的交线是一个水平圆，该圆的 V 面投影为过 a' 并且平行于底圆投影的直线（即 $b'c'$）。

(2) 以 $b'c'$ 为直径，作出水平圆的 H 面投影，投影 a 必定在该圆周上。

(3) 根据"长对正"，由 a' 求出 a。

(4) 由 a'、a 求出 a''（图 2-42）。

2.5.3 识读与绘制圆球的三视图

1. 球面的形成

球是以一个圆为母线，绕其自身的直径为轴线旋转而成的几何体。

2. 圆球的三视图分析

圆球的三个视图均为与圆球直径相等的圆，它们分别是圆球三个方向轮廓线的投影，如图 2-43 所示。

3. 圆球的作图步骤

作图步骤：

(1) 画出各视图圆的中心线。

(2) 画出三个与球体等直径的圆。

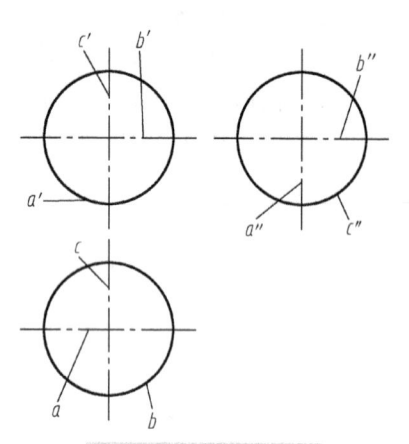

图 2-43 圆球的三视图

任务解读

图 2-44 所示的形体由（　　）部分组成，第一段是（　　），直径分别是（　　）和（　　），长度是（　　）；第二段是（　　），直径是（　　），长度是（　　）。

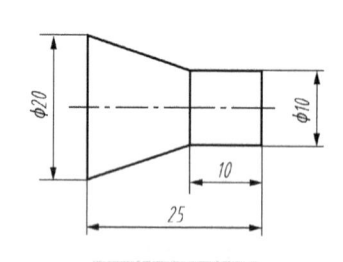

图 2-44 回转体

任务训练

(1) 图 2-45 所示的三视图表示的形体是（　　），半径为（　　）。

(2) 图 2-46 所示的三视图表示的形体是（　　），半径为（　　）。

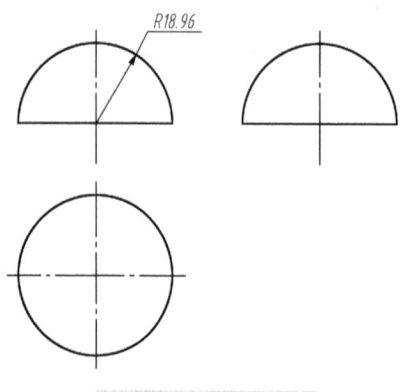

图 2-45 三视图（1）

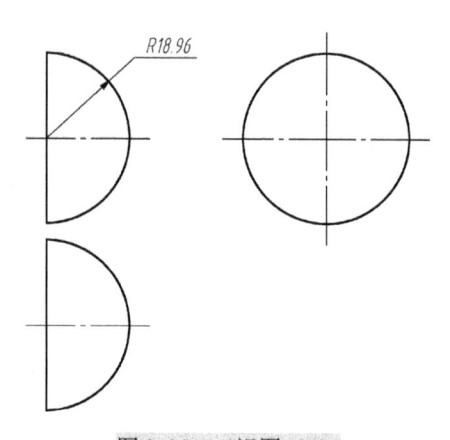

图 2-46 三视图（2）

任务拓展

基本体的尺寸标注如下所述。

1. 平面体的尺寸标注

标注如图 2-47 所示棱柱、棱锥的底面尺寸和高，标注棱台顶、底面尺寸和高。

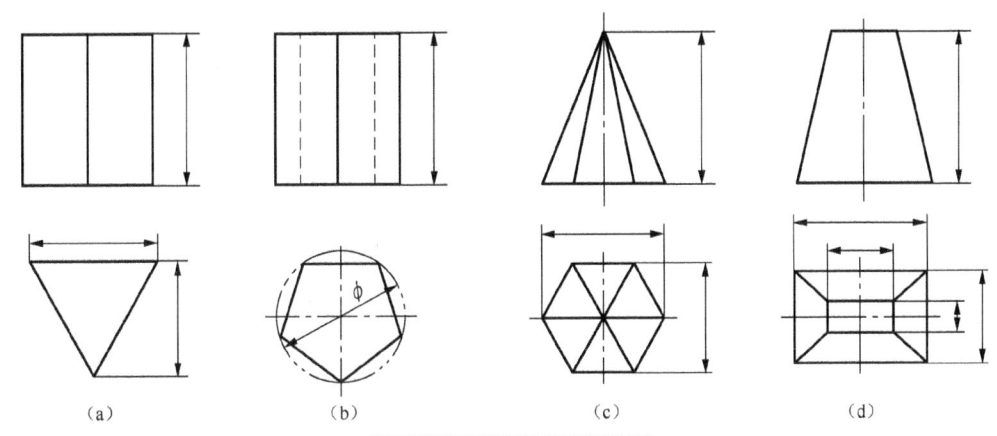

图 2-47 平面体的尺寸标注

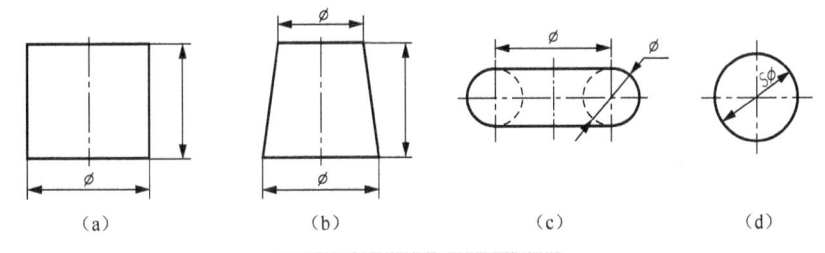

2. 曲面体的尺寸标注

曲面体的尺寸标注如图 2-48 所示。标注圆柱和圆台的尺寸时，须注明底面直径和高；标注圆环的尺寸时，须注明半径和内径；标注圆球的尺寸时，常在"ϕ"前加字母"S"。

图 2-48 曲面体的尺寸标注

3. 带切口形体的尺寸标注

当形体有切口时，须注明切口的尺寸，带切口形体的尺寸标注如图 2-49 所示。

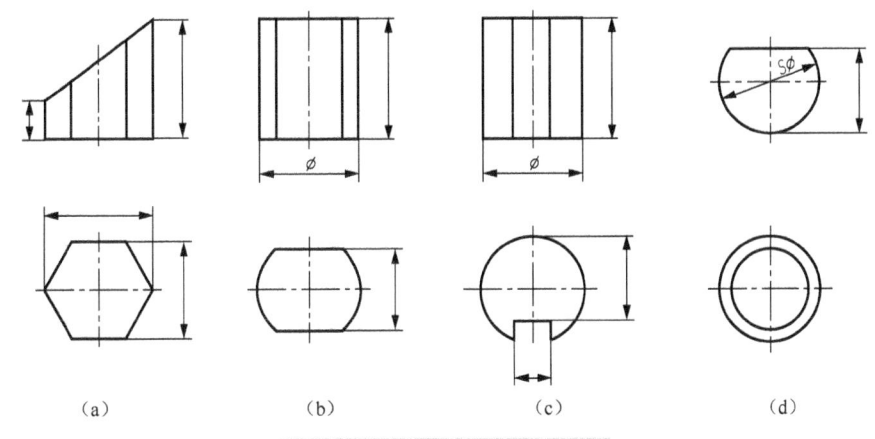

图 2-49 带切口形体的尺寸标注

2.6 陶 泥 制 作

1. 用陶泥制作基本几何体并创意组合

同学们，你们熟悉基本几何体的形状了吗？不妨用陶泥捏制出来，并根据自己的喜好自由组合。你能和大家交流一下你制作的是什么形体吗？

2. 用陶泥制作图 2-50 中的组合体

活动要求及评分标准如下。

（1）活动过程 40 分：用陶泥捏制出组合体，能体现出组合体所表示的不同特征，每个组合体 10 分，共 40 分。

（2）活动报告 48 分：能针对每个组合体的不同特征，绘出 4 个组合体的三视图，每个组合体 12 分，错一处扣 2 分。

（3）活动总结 12 分：结合活动过程和活动报告，得出结论。

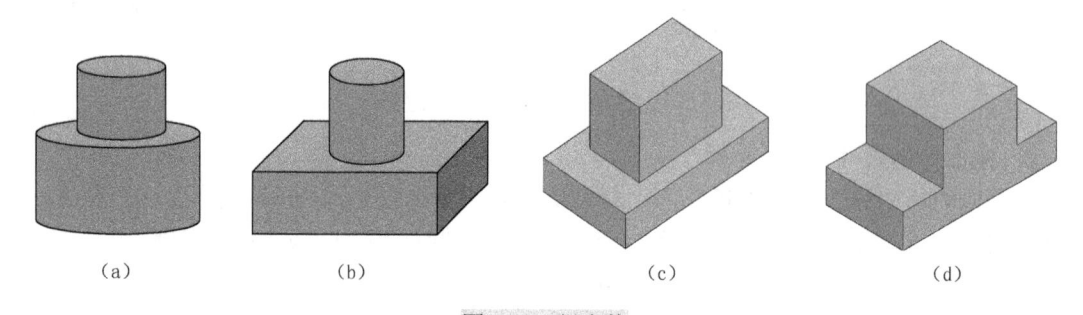

(a)　　　　(b)　　　　(c)　　　　(d)

图 2-50　组合体

项目三 组合体的表达与识读

本项目知识要点

（1）了解组合体的组合形式，掌握叠加类组合体连接处的画法，提高绘图和识图能力。

（2）掌握圆柱截交线、相贯线的画法，进一步提高物图转换能力和空间思维能力。

（3）会运用形体分析法和线面分析法识读组合体三视图，在识图过程中，学会自主探究、协作学习。

探索思考

观察日常生活中常见的组合体有哪些？是怎样组合在一起的？

预习准备

观察轴承座的立体图，思考轴承座可以分解成哪几部分？各部分之间的接触面是平面还是曲面？

3.1 组合体的组合形式

任务引领

结合如图 3-1 所示的轴承座立体图，分析组合体的组合形式。

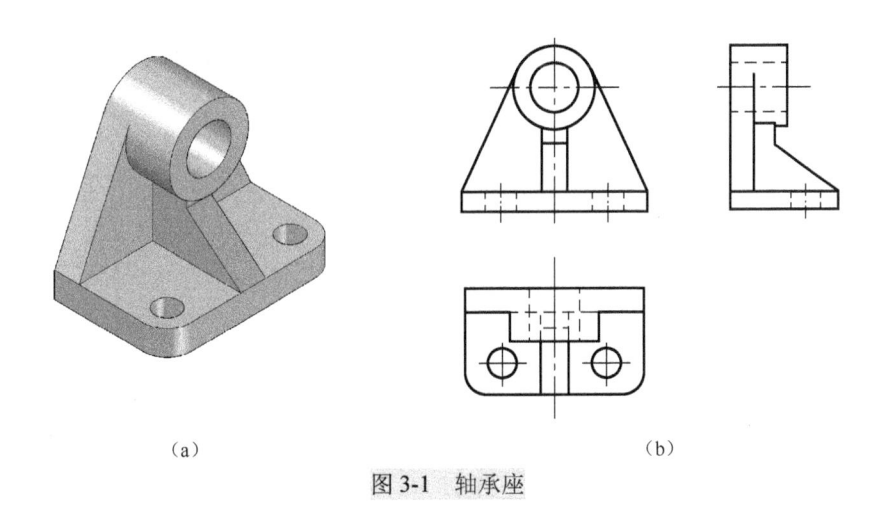

(a)   (b)

图 3-1 轴承座

任务链接

3.1.1 组合体

任何复杂的机器零件，都可以看成由若干个基本几何体组成，由两个或两个以上的基本几何体构成的物体称为组合体，如图 3-1（a）所示。

想一想：图 3-1（a）所示的轴承座由哪几部分组成？

3.1.2 形体分析法

画、看组合体视图时，通常按组合体的结构特点和各部分的相对位置，把它们分为若干个基本几何体，并分析各基本几何体之间的分界线的特点和画法，然后组合起来画出视图或想象出形状。

想一想：图 3-1（a）所示轴承座各部分之间的分界线是怎样的？

3.1.3 组合形式

组合体的组合形式有叠加型、切割型和综合型三种，如图 3-2 所示。

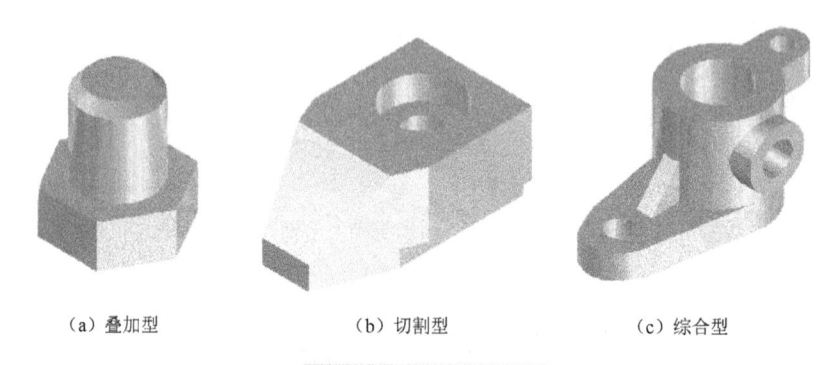

（a）叠加型　　　　（b）切割型　　　　（c）综合型

图 3-2　常见的组合形式

1. 叠加型

叠加型组合体由基本几何体叠加而成，分为相接、相切、相贯。

1）相接

两形体以平面的方式相互接触称为相接。它们的分界线是直线或平面曲线，如图 3-3 所示。

注意：

（1）结合面平齐：无交线。

（2）结合面不平齐：有交线。

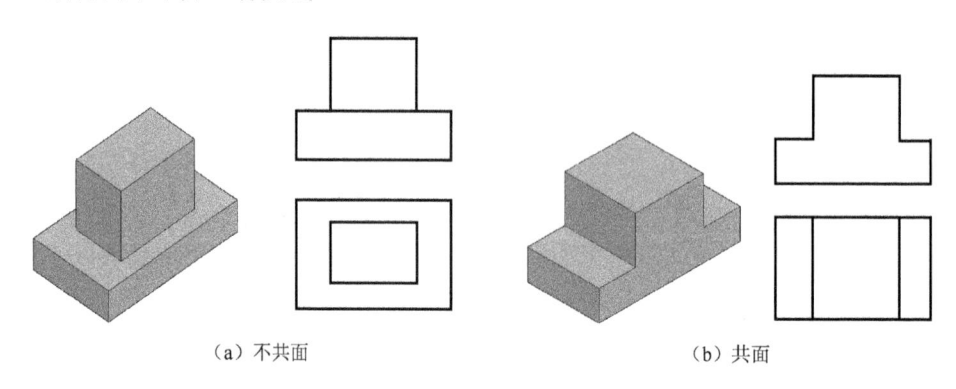

（a）不共面　　　　　　　　　　（b）共面

图 3-3　两长方体相接

做一做：根据如图 3-4 所示的主、俯视图，分析形体的组合形式，找出主视图有无缺线。

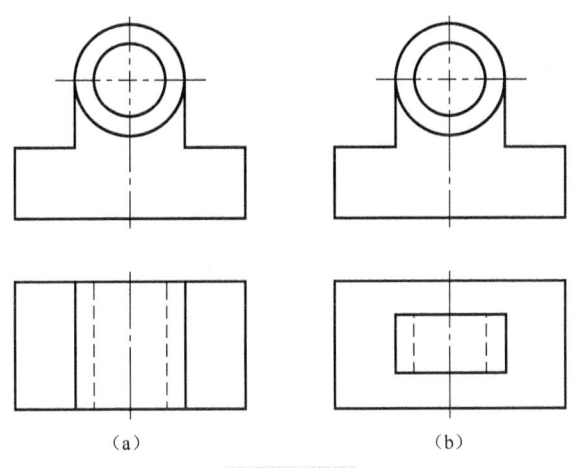

图 3-4 相接

2)相切

相切是指两个基本体的表面(平面与曲面或曲面与曲面)光滑过渡。如图 3-5 所示,相切处不存在轮廓线,在视图上一般不画分界线。两形体之间是通过相切光滑地连接在一起的,注意相切处无交线。

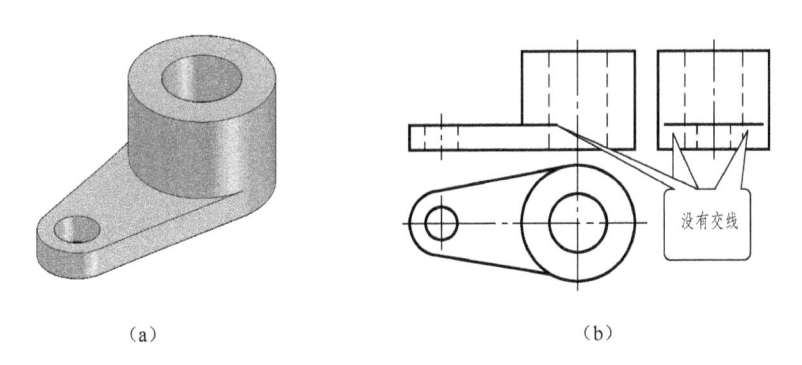

图 3-5 支耳

3)相交

相交是指两基本体的表面相交产生交线(截交线或相贯线),应画出交线的投影,如图 3-6 所示。

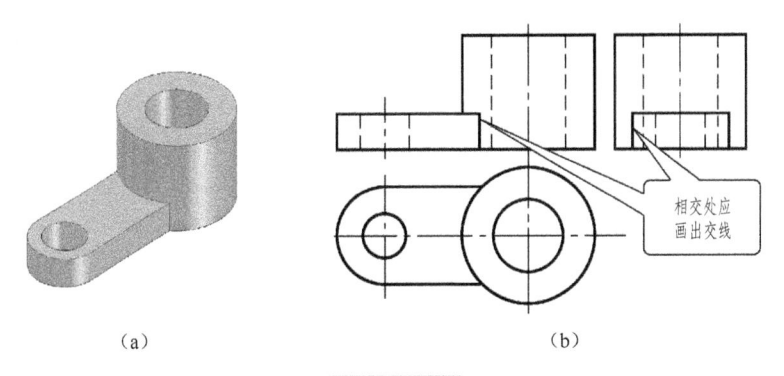

图 3-6 套筒

2. 切割型

切割体由几何体经切割、钻孔、挖槽等构成，切割后的轮廓线要画出，如图 3-7 所示。

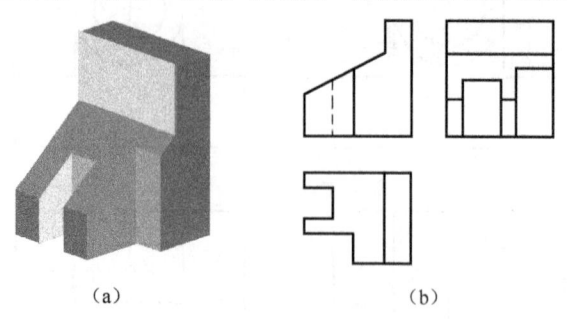

图 3-7 切割体

3. 综合型

如图 3-8 所示的轴承座，既有切割又有叠加，属于综合型组合体，大部分组合体属于此类。

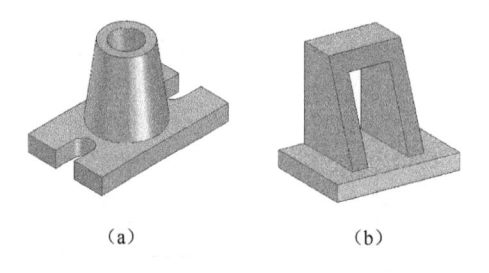

图 3-8 综合型

任务解读

轴承座由底板、圆筒、支承板、肋板四部分组成，支承板与圆筒相切，肋板与圆筒相交，支承板与底板接触面为平面，肋板与底板接触面也是平面。从图 3-9 中可以看出，该组合体既有叠加，又有切割，属于综合型组合体。

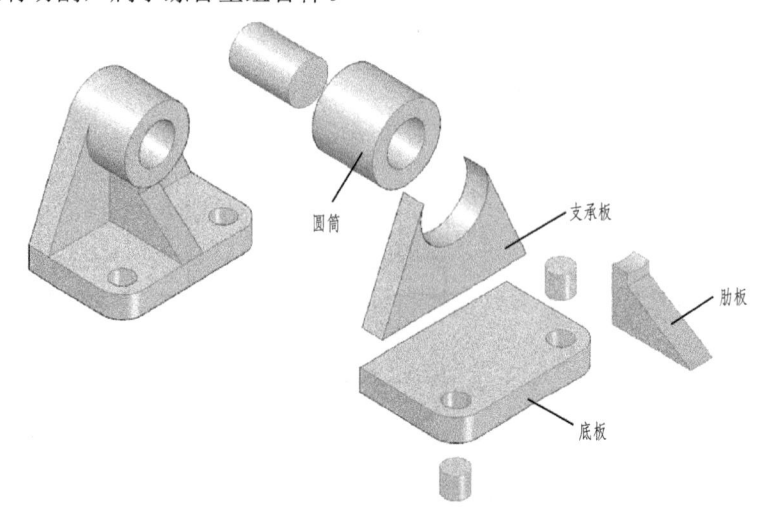

图 3-9 轴承座的组成

任务训练

如图 3-10 所示的图形由几部分组成？各部分形状是怎样的？

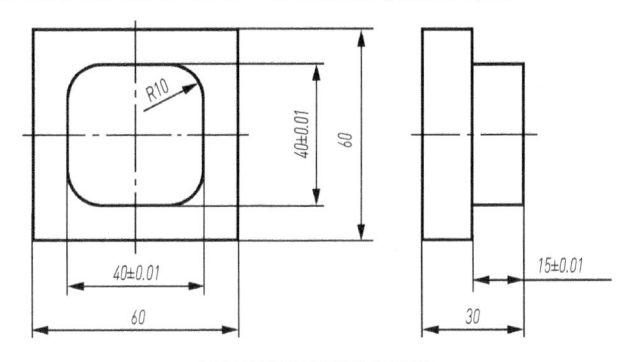

图 3-10 两长方体叠加

任务拓展

尝试画出图 3-9 所示轴承座的三视图，并相互交流。

3.2 截 交 线

任务引领

识读如图 3-11 所示的图形，想象形体的形状。

任务链接

平面与立体相交在立体表面产生的交线称为截交线，该平面称为截平面，如图 3-12 所示。

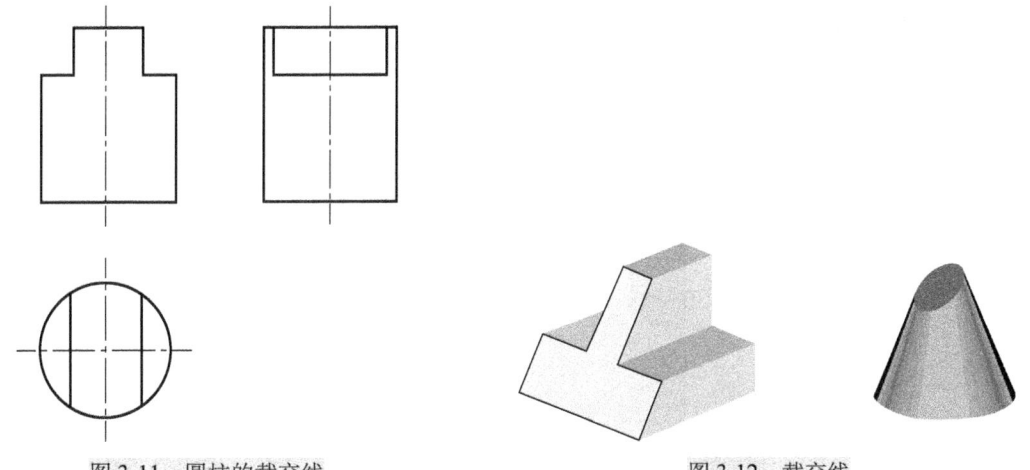

图 3-11 圆柱的截交线　　　　图 3-12 截交线

截交线是截平面和立体表面的共有线，截交线上的点是截平面与立体表面上的共有点，它既在截平面上又在立体表面上。由于任何立体都有一定的空间范围，所以截交线一定是封闭的线条，通常是一条平面曲线或者由曲线和直线组成的平面图形或多边形。

3.2.1 平面与平面立体相交

平面与平面立体相交如图 3-13 所示。

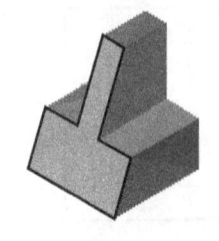

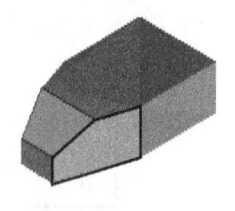

图 3-13 平面立体的截交线

平面立体的截交线是一个多边形,它的顶点是平面立体的棱线或底边与截平面的交点,它的边是截平面与平面立体表面的交线。

3.2.2 平面与曲面立体相交

平面与曲面立体的截交线通常是一条封闭的平面曲线,也可能是由截平面上的曲线和直线围成的平面图形或多边形,如图 3-14 所示。截交线的形状与曲面立体的几何性质、截平面的相对位置有关。截交线是截平面与曲面立体表面的共有线,截交线上的点也都是它们的共有点。

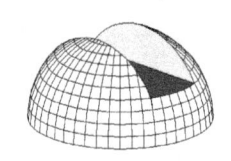

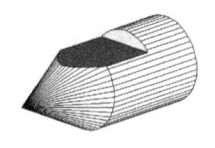

图 3-14 曲面立体的截交线

下面以平面与圆柱相交为例学习截交线的画法。

平面与圆柱面的交线有以下三种情况。

(1) 截平面垂直于轴线,截交线形状为圆,如图 3-15 所示。

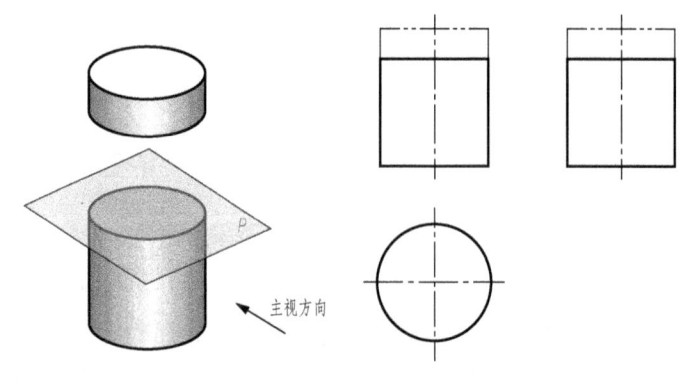

图 3-15 截平面垂直于轴线

(2) 截平面平行于轴线,截交线形状为矩形,如图 3-16 所示。

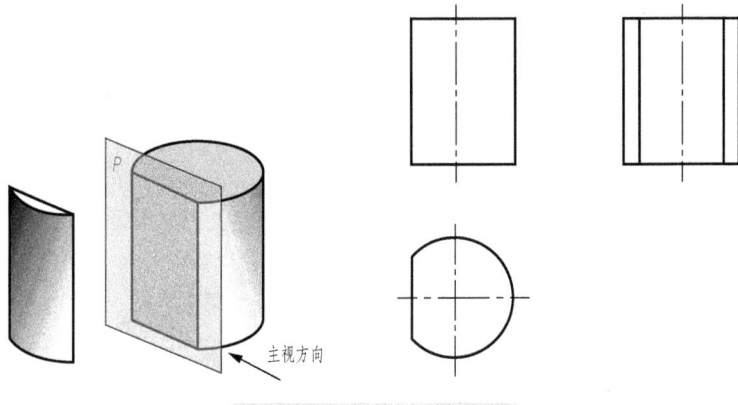

图 3-16 截平面平行于轴线

（3）截平面倾斜于轴线，截交线形状为椭圆，如图 3-17 所示。

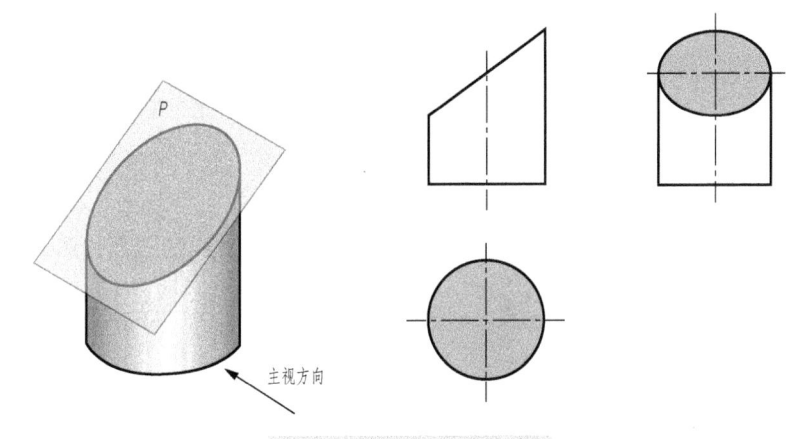

图 3-17 截平面倾斜于轴线

任务解读

图 3-18 所示形体的完整形状为圆柱，上端被水平面和侧平面进行截切，左、右各被切去一部分。

任务训练

（1）画出如图 3-19 所示圆柱被截切后的三视图。
（2）补全图 3-20 所示的接头的三面投影。

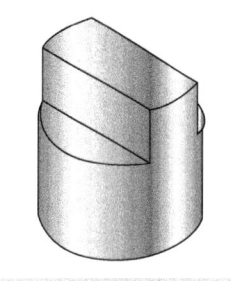

图 3-18 圆柱的对称截切

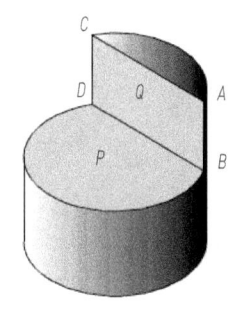

图 3-19 圆柱的截切

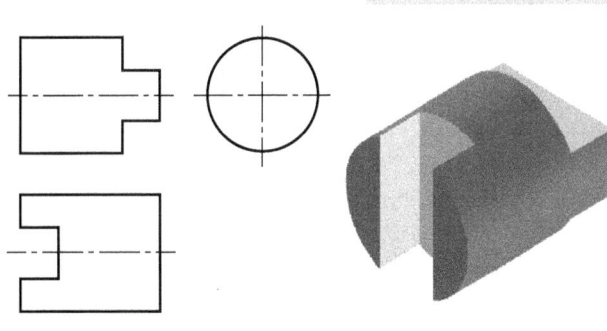

图 3-20 接头

任务拓展

平面与球面的截交线是圆。当截平面平行于投影面时，截交线的投影为真形；当截平面垂直于投影面时，截交线的投影为直线，长度等于截交线圆的直径；当截平面倾斜于投影面时，截交线的投影为椭圆。

画一画：画出图 3-21 所示的半球被截切后的俯左视图。

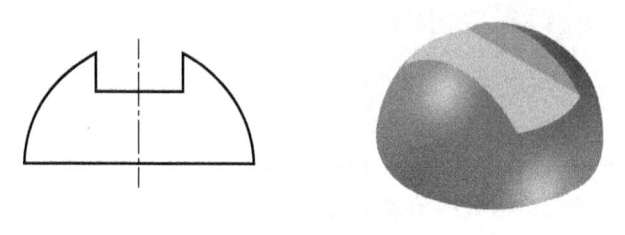

图 3-21 半球的截切

3.3 相 贯 线

任务引领

根据如图 3-22 所示的三视图，想象形体的形状，并指出交线的三面投影。

任务链接

3.3.1 相贯线的概念和性质

组合体中常出现两个基本体相交的情况，这种基本形体相交得到的立体，称为相贯体，其表面交线称为相贯线，如图 3-23 所示。

了解这些交线的性质并掌握交线的画法，将有助于正确地表达形体的结构形状，也便于对组合体视图进行识读。

从图 3-23 中可以看出，两个回转体的相贯线一般为闭合的空间曲线（有时为直线），且为两回转体表面的共有线和分界线，其形状取决于两相交回转体的形状、大小和相对位置。

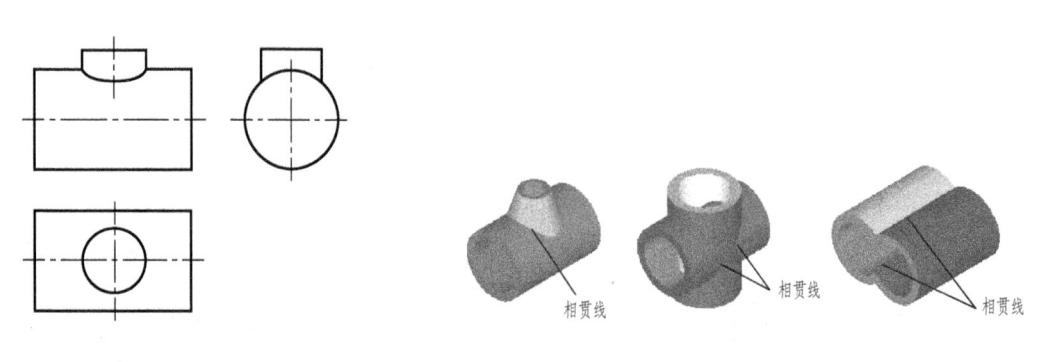

图 3-22 两圆柱正交的相贯线

图 3-23 相贯线

3.3.2 圆柱与圆柱的相贯线

1. 两圆柱不等径相贯

例 3-1 两个直径不等的圆柱相交,求相贯线的投影。

国家标准规定,允许采用简化画法作出相贯线的投影,即以圆弧代替非圆曲线。当轴线垂直相交,且平行于正面的两个不等径圆柱相交时,相贯线的正面投影以大圆柱的半径为半径画圆弧即可,如图 3-24 所示。

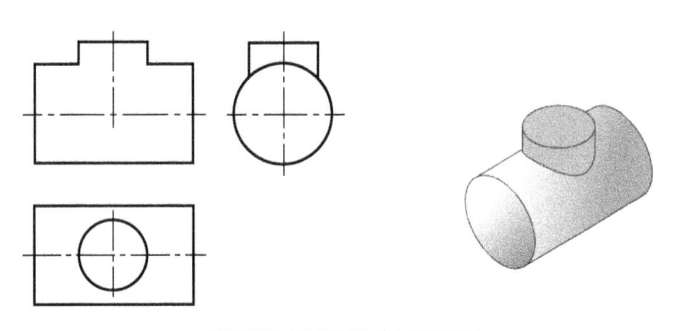

图 3-24 两圆柱不等径相贯

画一画:根据简化画法画不等径圆柱的相贯线投影。

2. 相贯线的变化趋势

当正交两圆柱的相对位置不变,而相对大小发生变化时,相贯线的形状和位置也将随之变化。在相贯线的非积聚性投影上,相贯线的弯曲方向总是朝向较大圆柱的轴线,如图 3-25 所示。

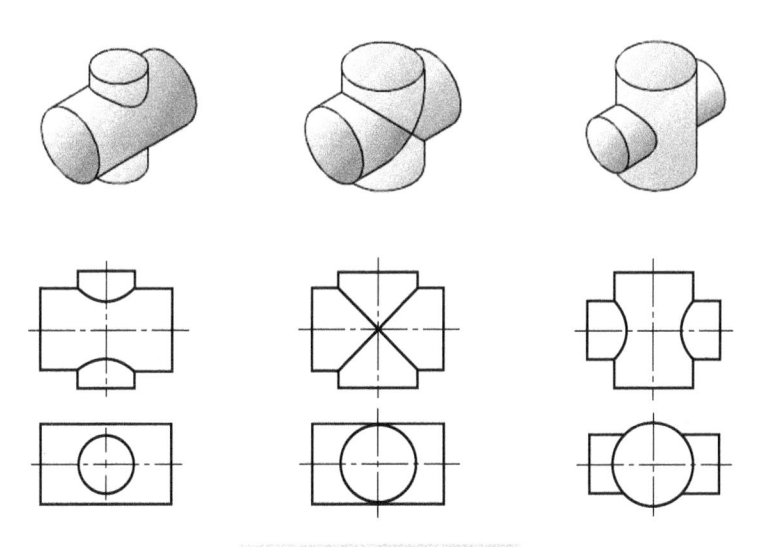

图 3-25 相贯线的变化趋势

3. 两圆柱相贯线的三种形式

圆柱的相贯线除了两圆柱实体相贯之外,常见的还有轴上挖孔和两孔相贯两种形式,它们的画图方法与两圆柱实体相贯类似(图 3-26)。

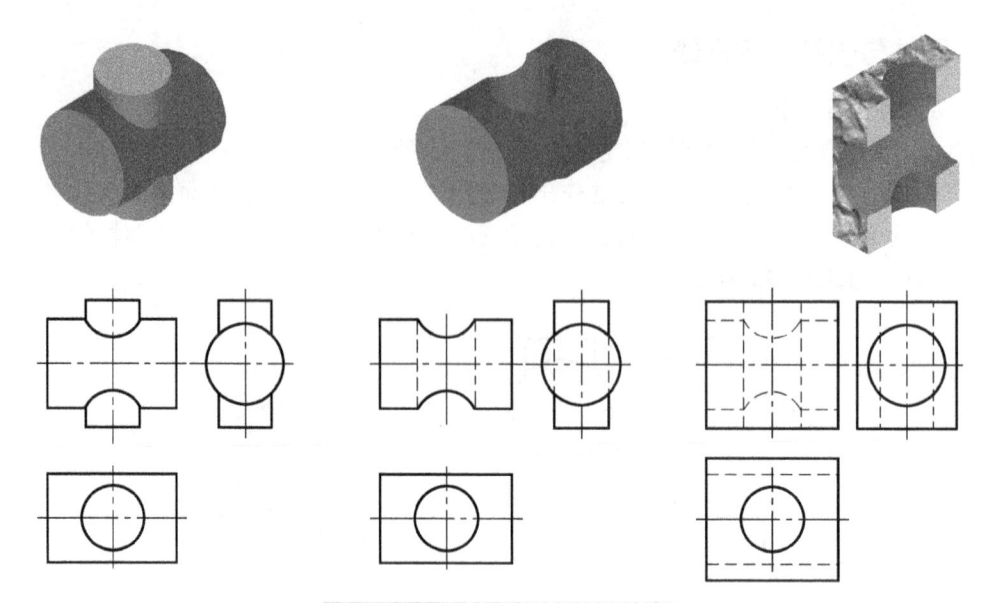

图 3-26 两圆柱相贯线的三种形式

任务解读

图 3-27 表示两圆柱相贯，相贯线正面投影近似为一段圆弧，水平投影为圆，侧面投影为一段圆弧。

任务训练

用简化画法画出如图 3-28 所示的主视图中的相贯线投影。

任务拓展

请同学们尝试用简化画法画出如图 3-29 所示的主视图中的相贯线投影。

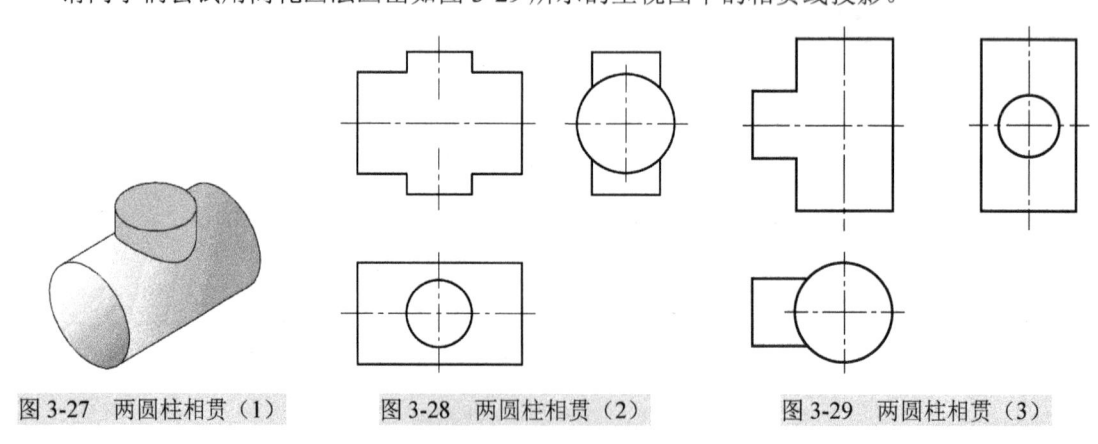

图 3-27 两圆柱相贯（1）　　图 3-28 两圆柱相贯（2）　　图 3-29 两圆柱相贯（3）

3.4　组合体视图的画法

任务引领

如图 3-30（a）所示的轴承座，该如何绘制三视图呢？

(a)轴测图　　　　　　　　　　　　(b)形体分析

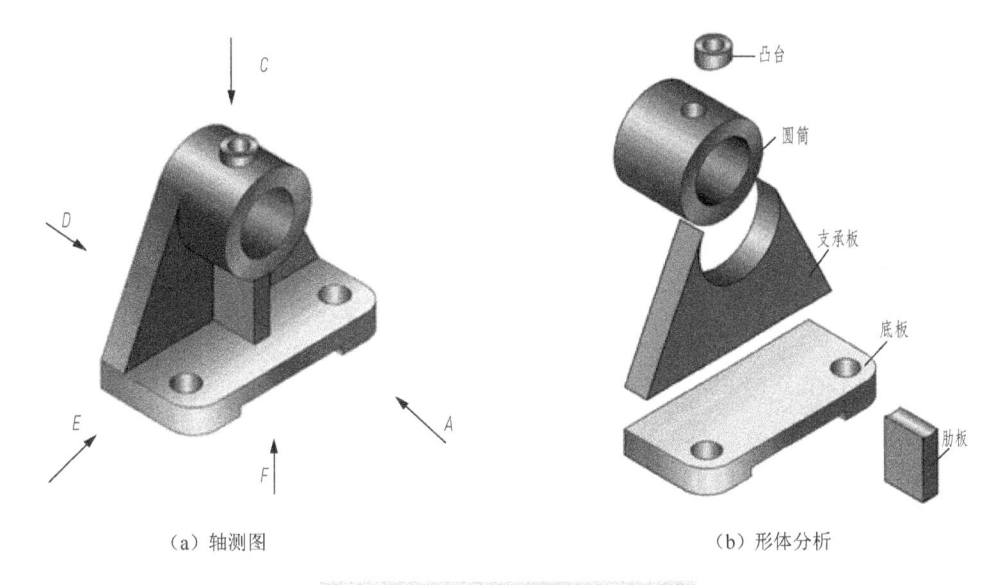

图 3-30　轴承座的轴测图及形体分析

任务链接

画组合体视图的方法是形体分析法。即在画图之前，假想将组合体分解成若干个形体，看清楚各形体的形状、相对位置和组合形式，分析表面连接关系及投影特点，为画三视图做好准备。

3.4.1　形体分析

如图 3-30（a）所示的轴承座，由底板、支承板、肋板、圆筒和凸台组成。由图 3-30（b）可知，底板、支承板和肋板之间在空间相互垂直；支承板侧面与圆筒表面相切；肋板与圆筒相交，相贯线由圆弧和直线围成；凸台与圆筒表面相交，中间有圆柱通孔；底板上有两个圆柱通孔，底面有一矩形凹槽。

3.4.2　选择视图

首先选择主视图的投射方向，使主视图能较多地表达组合体各部分的形状特征及相对位置，同时应考虑组合体的安放位置。一般选取大平面作为底面，以放置稳定。从图形上看，选择 A 向作为主视图的投射方向能满足上述基本要求。

其次确定其他视图。俯视图主要表达底板的形状和两孔中心的位置；左视图主要表达肋板的形状。可见，需要用三个视图才能清楚地表达组合体的形状。

任务解读

作图步骤：

（1）布置视图。按组合体的大小确定作图比例，选择图幅，画出各视图的基准线，如中心线、底面、端面。注意留出标注尺寸、标题栏等的地方，如图 3-31（a）所示。

（2）在形体分析的基础上，逐一画出每一个基本体的三视图。如图 3-31（b）所示，画出底板的三视图，再画圆筒和圆凸台的三个视图，如图 3-31（c）所示；最后画支承板和肋板的三个视图，如图 3-31（d）所示；补画底板上的圆角、圆孔、通槽的三视图，如图 3-31（e）所示。

（3）检查、描深并标注尺寸。检查底稿，确定没有错误后，再描深，如图 3-31（f）所示。描深时应注意全图线型保持一致，切忌选用过粗的实线而影响图形的美观。最后标注全图尺寸，注意不要重标，也不要漏标。

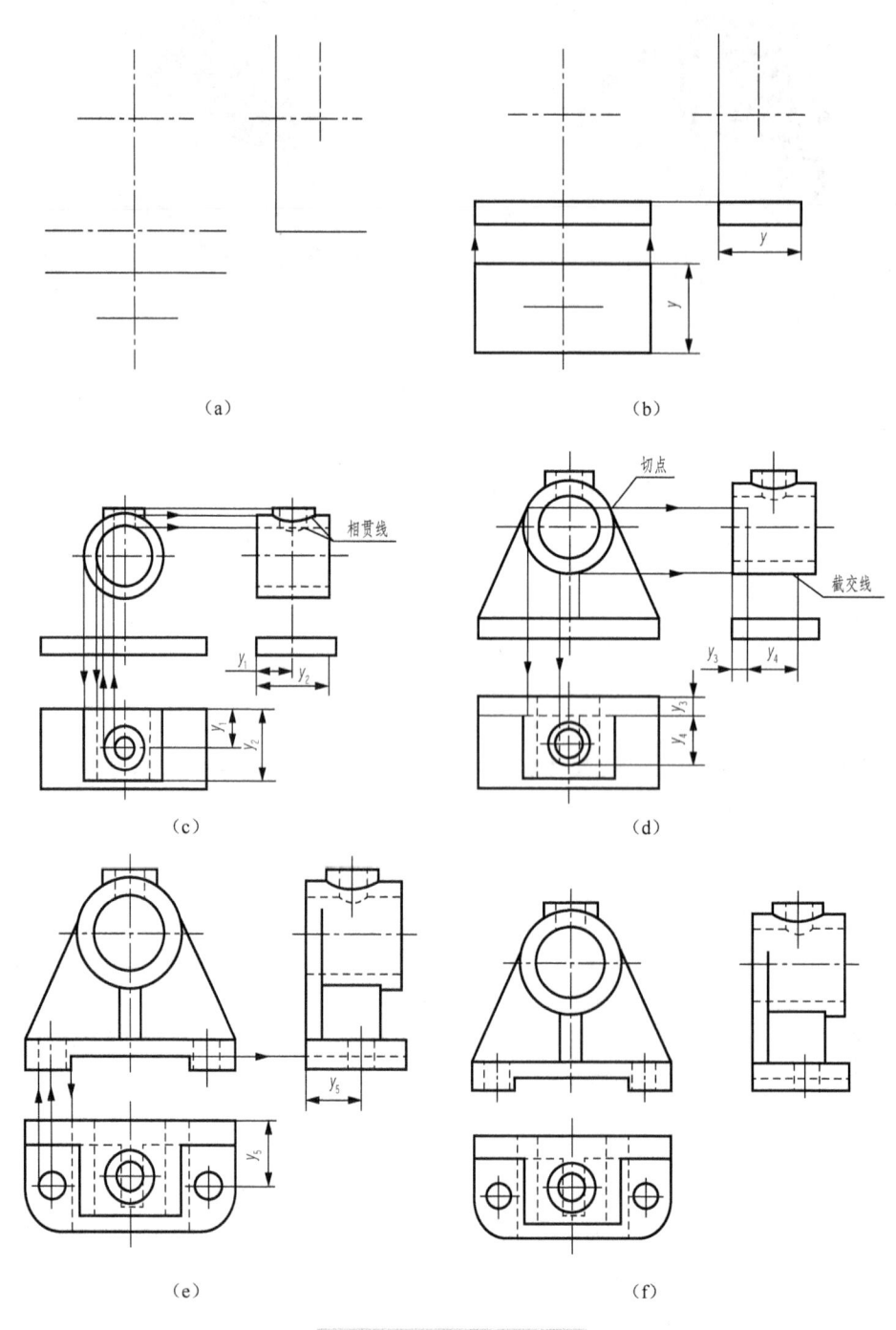

图 3-31 轴承座的作图步骤

3.5 组合体视图的读法

任务引领

识读图 3-32 所示的三视图，想象形体的形状。通过该三视图的识读，培养由图到物的抽象思维能力，提高看图技能。

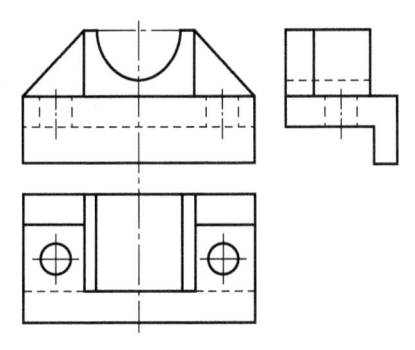

图 3-32 轴承座三视图

任务链接

识读零件三视图的看图要领有以下几点。

（1）几个视图联系起来看，如图 3-33 所示。

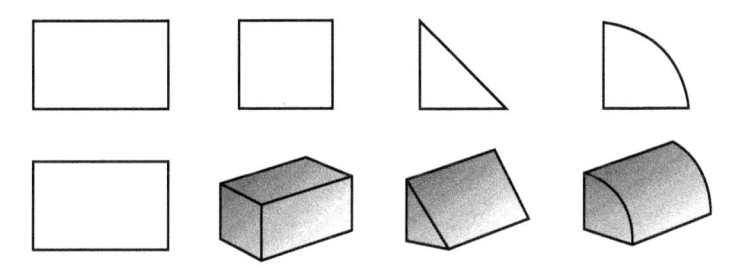

图 3-33 不同形体的三视图

（2）抓住特征视图。

① 抓形状特征视图，如图 3-34 所示。

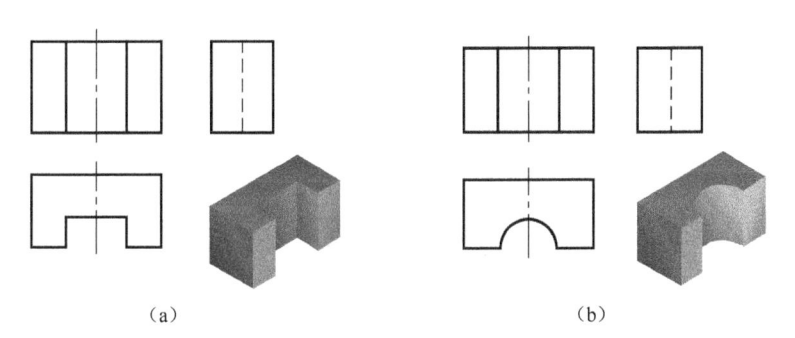

(a)　　　　　　　　　　(b)

图 3-34 形状特征视图

② 抓位置特征视图，如图 3-35 所示。

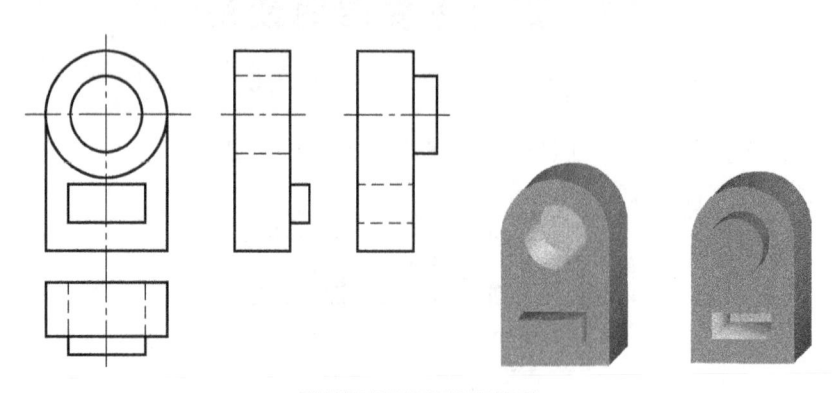

图 3-35　位置特征视图

任务解读

看图 3-32 时首先抓住视图的特征，因为主视图能反映凹块的实形，因此我们从主视图入手，可知形体由四部分组成，底下是带弯板的长方体，上面是凹块，凹块居中靠后放置，两侧各有一块三角块，如图 3-36 所示。

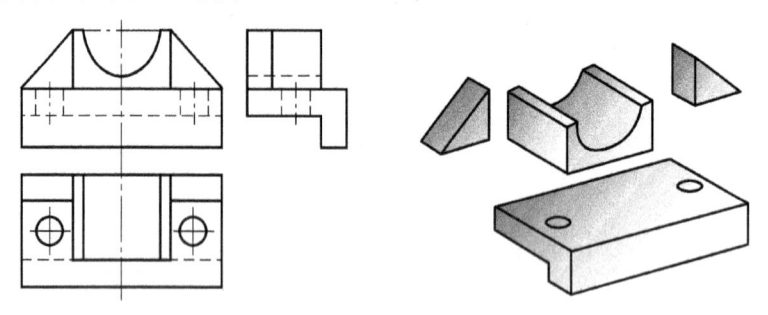

图 3-36　轴承座分解

看图方法可用形体分析法。形体分析法的看图步骤如下：

（1）以主视图为主，配合其他视图进行投影分析。

（2）分解形体，找投影。利用"三等"关系找每一部分的投影，想象出物体的形状。

（3）对投影，辨位置和连接关系。

（4）综合起来想整体。

任务训练

（1）找出图 3-37 所示组合体各部分的投影，并判断相对位置。

（2）根据图 3-38 所示的两视图，选择立体图，并补画左视图。

（3）根据图 3-39 所示的三视图，想象形体的形状。

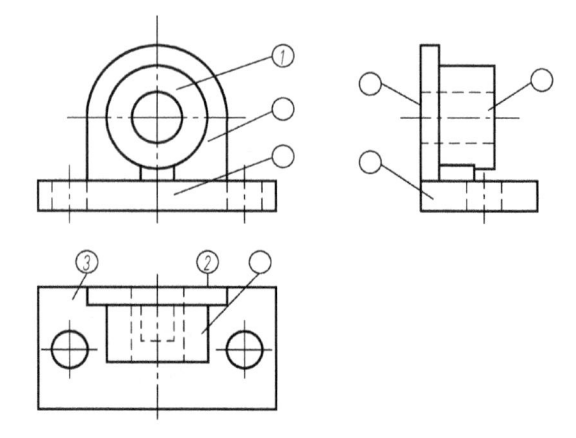

图 3-37　组合体（1）

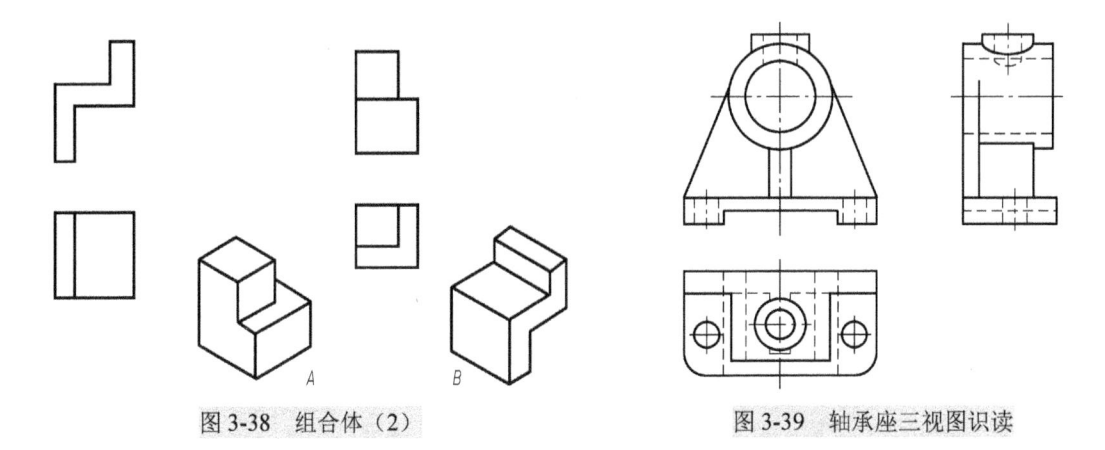

图 3-38 组合体（2）　　　　　　　　图 3-39 轴承座三视图识读

任务拓展

根据如图 3-40 所示的三视图，想象形体的形状。

看图方法可用线面分析法。线面分析法的看图步骤如下：

（1）分析整体形状。
（2）分析细部形状。
（3）分析线面关系。
（4）综合分析，想象整体形状。

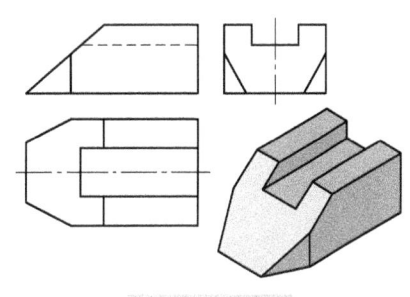

图 3-40 切割体

3.6 组合体的尺寸标注

任务引领

请大家仔细观察，图 3-41 所示的组合体的尺寸标注有何特点？

任务链接

1. 基本要求
（1）正确。尺寸标注要符合国家标准的规定。
（2）完整。做到尺寸齐全、不遗漏、不多余。
（3）清晰。尺寸标准要整齐、清晰，便于看图。

2. 尺寸种类
（1）定形尺寸。表示各基本几何体大小的尺寸。
（2）定位尺寸。表示各基本几何体之间相对位置的尺寸。
（3）总体尺寸。表示组合体总长、总宽、总高的尺寸。

3. 基本方法
形体分析法是标注组合体尺寸的基本方法。

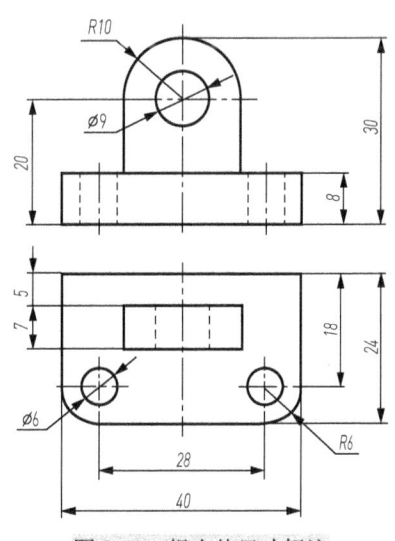

图 3-41 组合体尺寸标注

4. 尺寸基准

标注尺寸的起点称为尺寸基准。组合体的尺寸基准一般选择组合体的地面、端面、对称面、轴心线、对称中心线等。

5. 标注示例

1) 尺寸齐全

如图 3-41 所示，组合体的定形尺寸、定位尺寸、总体尺寸都标注齐全。

2) 标注清晰

（1）标注尺寸时，要突出形体的特征，如图 3-42 所示。

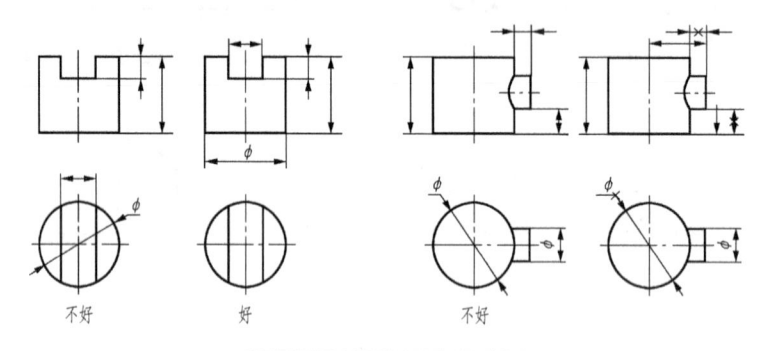

图 3-42　尺寸标注突出特征

（2）尺寸标注要相对集中，如图 3-43 所示。

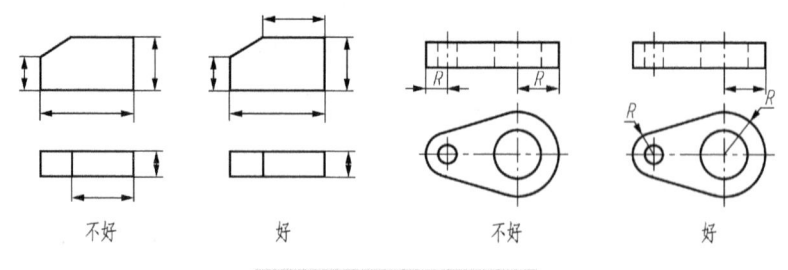

图 3-43　尺寸标注相对集中

（3）尺寸标注要排列整齐，如图 3-44 所示。

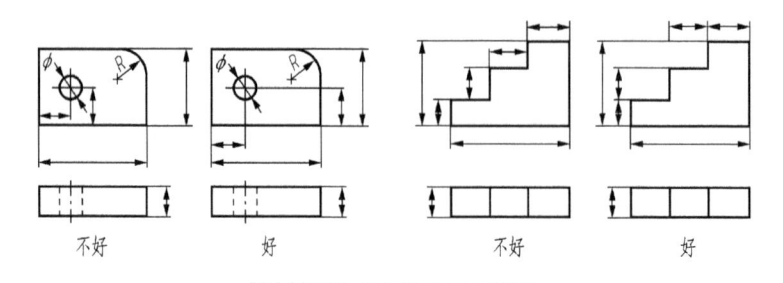

图 3-44　尺寸标注排列整齐

（4）尺寸标注要布局清晰，如图 3-45 所示。

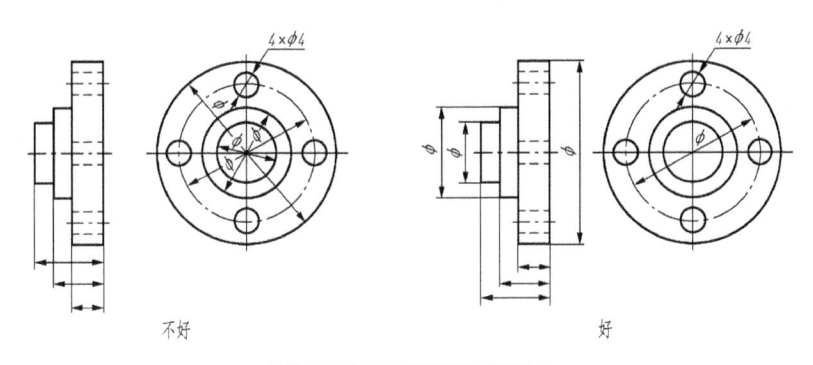

图 3-45 尺寸标注布局清晰

任务拓展

请大家相互交流尺寸标注的布置原则和标注步骤。

1. 尺寸布置

(1) 各基本形体的尺寸要集中标注。
(2) 尺寸标注要明显、不要标在虚线上。
(3) 对称结构的尺寸要对称标注。
(4) 尺寸应尽量注在视图外、布置在两个视图之间。
(5) 圆的直径一般标在非圆视图上,圆弧的半径则应标在圆弧上。
(6) 平行尺寸标注时,小的尺寸应靠近视图,以免尺寸线与尺寸界线相交。

2. 标注步骤

(1) 分析组合体由哪些基本形体组成。
(2) 选择组合体长、宽、高 3 个方向的尺寸基准。
(3) 标注各基本形体相对基准的定位尺寸。
(4) 标注各基本形体的定形尺寸。
(5) 标注组合体的总体尺寸。
(6) 检查调整尺寸。

3.7 萝卜切割

同学们,学过截交线之后,你可以尝试一下:用萝卜代替圆柱体,分别用三种不同的截平面切割萝卜,观察截交线的形状是怎样的。

另外,如果你留心观察,会发现生产和生活中有很多相贯线实例。找找看,并和同学们交流一下。

项目四　视图、剖视图、断面图的表达与识读

本项目知识要点

（1）掌握六个基本视图、向视图、局部视图和斜视图的画法及标注方法。

（2）了解剖视图的基本概念，能熟练绘制全剖视图和半剖视图，并能正确识读各种剖视图。

（3）了解断面图的概念、种类，能正确绘制移出断面图，并能正确标注。

探索思考

剖视图按剖切范围分，可分成哪些种类？按剖切方法分，可分成哪些种类？

预习准备

用橡皮泥或萝卜等材料制作一圆柱，并加工内孔，用刀过中心轴线切开，观察切面的形状。

4.1　视　　图

任务引领

分析如图 4-1 所示形体的形状结构，用适当的视图将该机件的外形表达清楚。

通过完成本任务，掌握六个基本视图的名称、配置位置和"三等"关系；掌握向视图、局部视图和斜视图的画法及标注方法。

任务链接

视图是应用正投影法将零件向各投影面投射所得到的图形，主要用来表达零件的外部形状。视图分为基本视图、向视图、局部视图和斜视图四种。

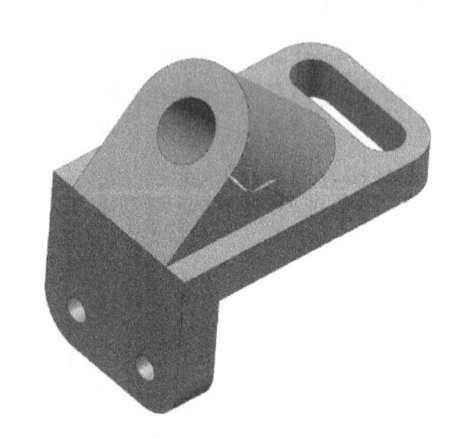

图 4-1　形体的立体图

4.1.1　基本视图

基本视图是零件向基本投影面投射所得到的视图。由于零件有六个面，分别向六个基本投影面投射能得到六个基本视图，如图 4-2 所示。

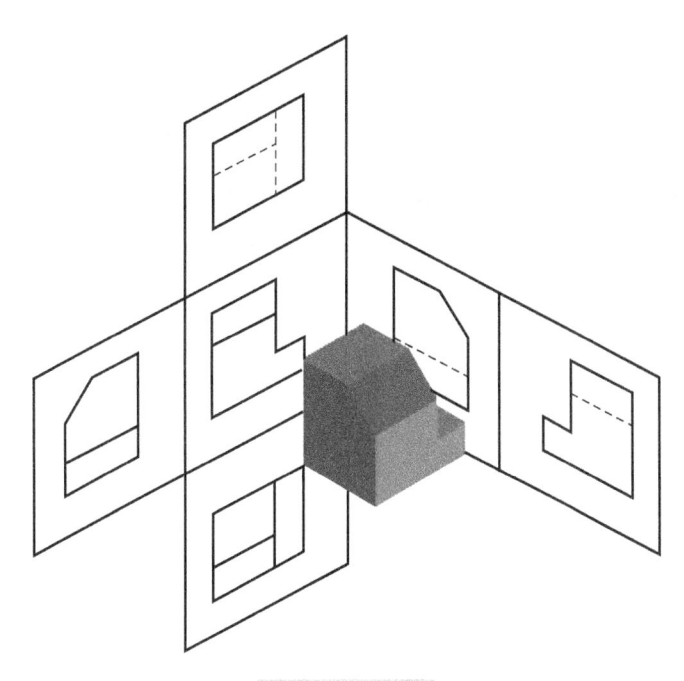

图 4-2 基本视图

六个基本视图的名称和投射方式如下。
主视图：由前向后投射所得的视图；
俯视图：由上向下投射所得的视图；
左视图：由左向右投射所得的视图；
右视图：由右向左投射所得的视图；
仰视图：由下向上投射所得的视图；
后视图：由后向前投射所得的视图。

将六个视图按图 4-2 所示方向展开，即得到位于同一平面的六个基本视图，如图 4-3 所示。

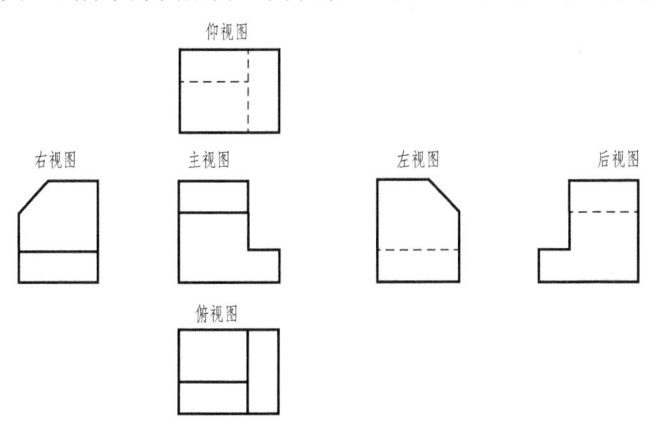

图 4-3 基本视图的配置关系

六个基本视图之间，仍符合"长对正，高平齐，宽相等"的投影关系。在一张图纸上配置视图时，一般不必注视图的名称。

绘制图样时，一般先考虑选用主、俯、左三个视图，必要时也可选用其他视图。只要表达完整、清晰又不重复，且视图数量最少为好。

4.1.2 向视图

向视图是自由配置的视图，是基本视图的另一种表达方式，以表达零件某个方向的外形。在向视图的上方应标注"X"，在相应视图的附近用箭头指明投影方向，并标注相同字母，如图4-4所示。

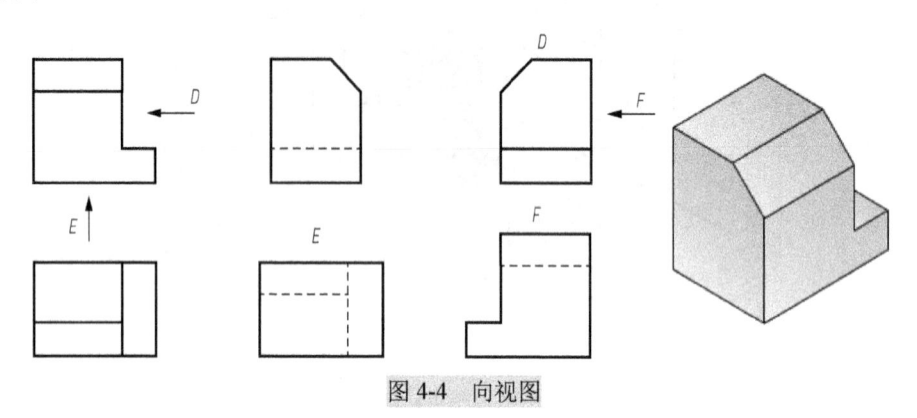

图 4-4　向视图

4.1.3 局部视图

将零件的某一部分向基本投影面投射所得到的视图称为局部视图。

如图 4-5 所示，圆筒左侧凸缘部分的形状在主、俯视图尚未表达明白，而选用局部视图既可将其表达清楚，又可省去画一个完整的左视图。局部视图一般需要标注视图名称和投影方向，如图 4-5 中 A 向局部视图。

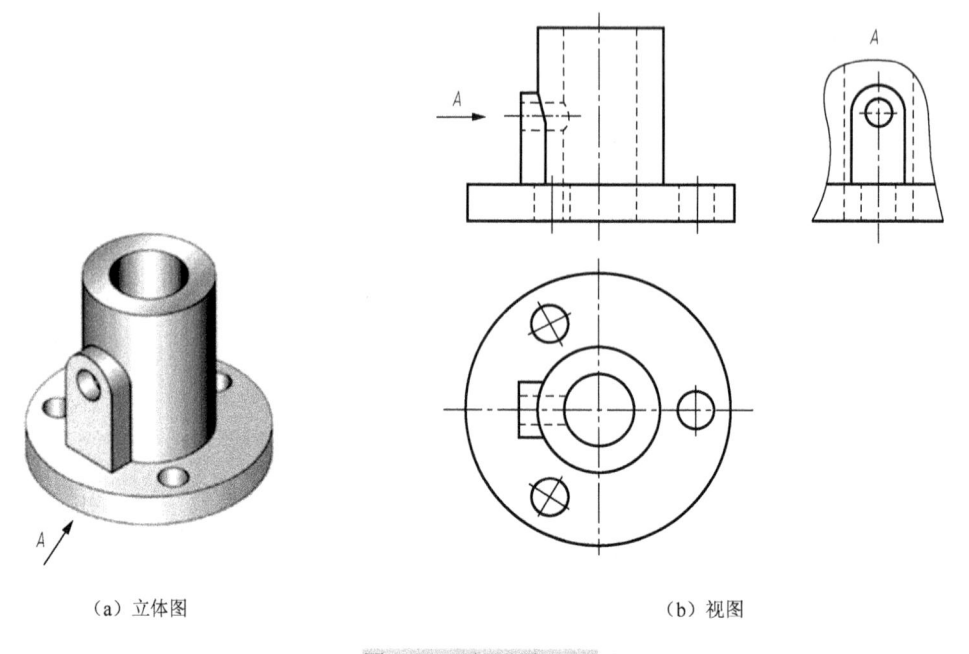

(a) 立体图　　　　　　　　　　　(b) 视图

图 4-5　局部视图（1）

局部视图的断裂边界应以波浪线表示。当所表示的局部结构完整,且外轮廓线又呈封闭状时,断裂边界线可省略不画,如图 4-6 中 B 向视图所示。

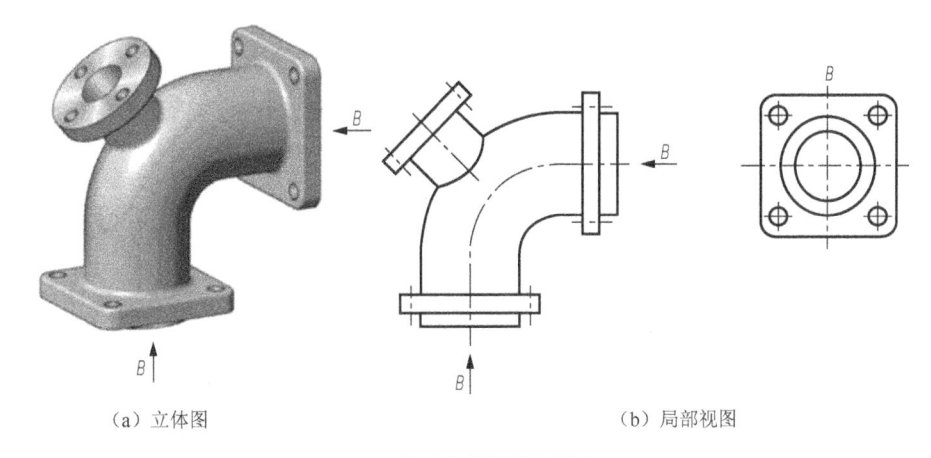

(a) 立体图　　　　　　　　　　　(b) 局部视图

图 4-6　局部视图(2)

4.1.4　斜视图

将零件向不平行于基本投影面的平面投射所得到的视图称为斜视图,如图 4-7 所示。

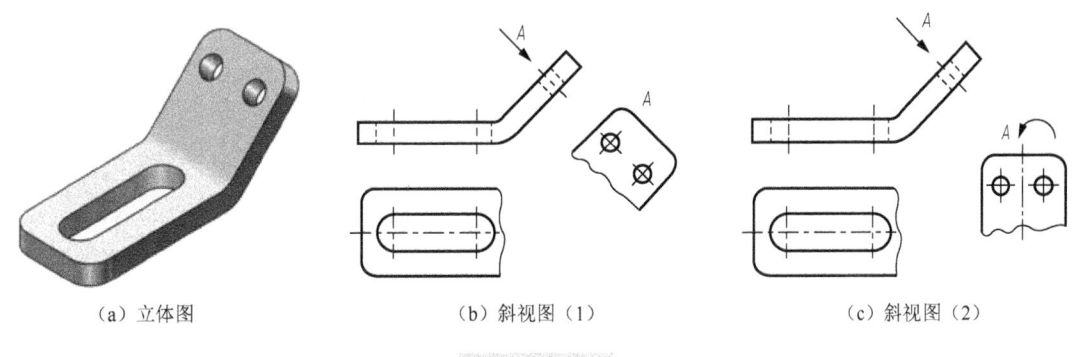

(a) 立体图　　　　　(b) 斜视图(1)　　　　　(c) 斜视图(2)

图 4-7　斜视图

斜视图主要用来表达物体上倾斜部分的实形,其余部分不必全部画出,而用波浪线或双折线断开。

斜视图需要标注名称和投射方向,如图 4-7(b)和(c)所示。图 4-7(c)中的"$A\frown$"(是以字高为半径的半圆弧,线宽是字高的 1/10)表示斜视图做逆时针方向旋转后的位置。

画图时应当根据需要选择最少的视图来表达零件的形状,并不是都要有基本视图、向视图、局部视图和斜视图。

任务解读

由图 4-8(a)所示的立体图可知,该机件由底板、竖板和倾斜结构叠加组合而成。先采用一个主视图表示主体外形。对于倾斜结构,其俯视图和左视图都不反映实形,画图比较困难,且表达不清楚,可采用 C 向斜视图来反映 M 面的实形,因该部分外轮廓呈独立封闭状,省略了波浪线。箭头 A 所指部位的投影是指底板在水平投影面上的部分投影(局部视图),它反映水平放置长方形底板右侧长圆孔、圆角的特征视图。箭头 B 所指部位的投影是指竖板在侧投影面上的部分投影（局部视图），它反映竖直放置长方形竖板及圆孔、圆角的特征视图。两个局部视图都按投影关系配置，可以不标注，如图4-8（b）所示。

（a）立体图　　　　　　　　　　（b）局部视图和斜视图

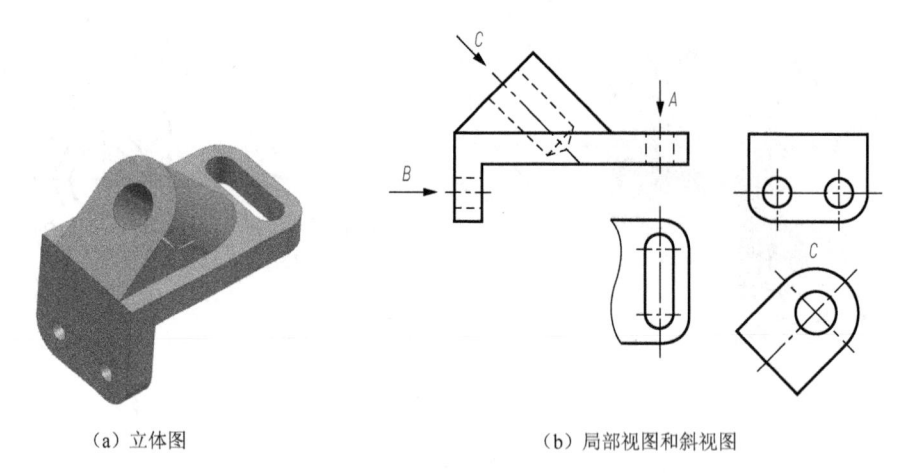

图4-8　形体的表达方法

任务训练

根据两视图（图4-9和图4-10），画出A向斜视图和B向局部视图。

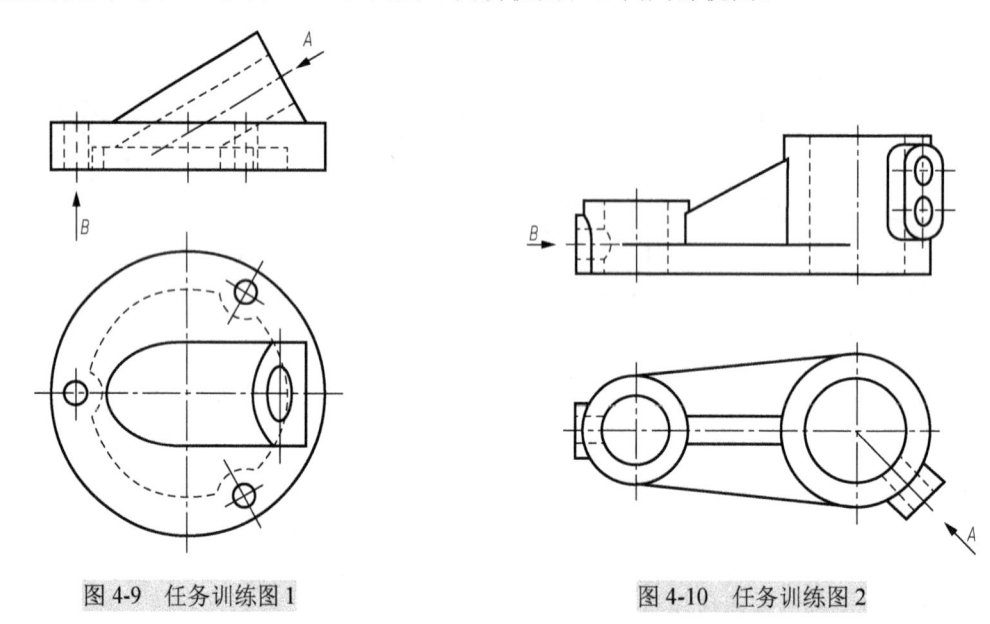

图4-9　任务训练图1　　　　　图4-10　任务训练图2

4.2　剖视图

任务引领

观察图4-11所示视图，虚线与虚线、虚线与实线重叠，难以表达机件的不可见部分的形状，而且视图中虚线过多，影响清晰读图和标注尺寸，因此常常用剖视图来表达。

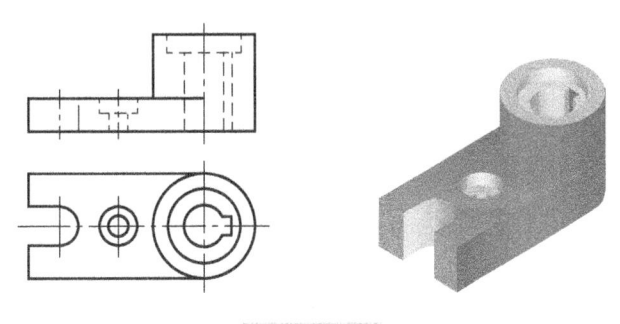

图 4-11 视图

任务链接

4.2.1 剖视图的概念

剖视图主要用于表达机件被剖开后的原来看不见的结构形状。例如，图 4-11 所示的主视图，就出现一些表达内部结构的虚线，为了清晰地表达机件的内部形状，在机械制图中常采用剖视，即假想用剖切面剖开机件，将处在观察者和剖切面之间的部分移去，而将其余部分向投影面投射，所得图形称为剖视图。

4.2.2 剖视图的画法

（1）确定剖切面的位置。如图 4-12 所示，选取平行于正面的对称面为剖切面。

（2）画剖视图将剖开的机件移去前半部分，并将剖切面截切机件所得断面以及机件的后半部分向另一面投影，画出如图 4-12 所示的剖视图。但必须注意：由于剖视图是假想剖开机件后画出的，因此当机件的一个视图画成剖视后，其他视图不受影响，仍应完整的画出。

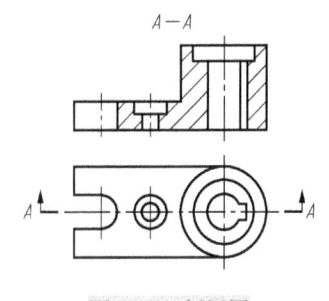

图 4-12 剖视图

（3）画剖面符号。如图 4-12 所示，在剖切面截切机件所得的断面上画剖面符号。GB/T 4457.5—2002 规定：在剖视和剖视图中，应采用国家标准中所规定的剖面符号。金属材料的剖面线符号用与水平方向成 45°、间隔均匀的细实线画出，向左或向右均可，通常称为剖面线，但在同一金属零件的零件图中，剖视图、断面图的剖面线方向和间隔必须一致。当图形中的主要轮廓线与水平方向成 45°时，该图形的剖面线应画成与水平方向成 30°或 60°的平行线，其倾斜方向仍与其他图形的剖面线一致。

（4）画剖切符号、投影方向，并标注字母和剖视图的名称。一般应在剖视图的上方用字母标注出剖视图的名称"$X—X$"；在相应的视图上用剖切符号表示剖切位置。在剖切符号的起讫处用箭头画出投影方向，并标出同样的字母"X"。当剖视图按投影关系配置，中间又没有其他图形间隔时，可省略箭头；当单一剖切平面通过机件的对称平面或基本对称的平面，且剖视图按投影关系配置，中间又没有其他图形间隔时，可省略标注。

4.2.3 剖视图的种类

按照剖切面不同程度地剖开机件的情况，剖视图分为全剖视图、半剖视图和局部剖视图。

1. 全剖视图

用剖切平面完全地剖开机件所得的剖视图,称为全剖视图。图 4-13 所示为机件的两视图,从图中可以看出它的外形比较简单,内形比较复杂,前后对称,上下和左右都不对称,则必须画全剖视图。

2. 半剖视图

当机件具有对称面时,在垂直于对称平面的投影面上所得的图形,可以对称中心线为界,一半画成剖视,另一半画成视图,这种剖视图称为半剖视图。

如图 4-14 所示,在半剖视图中,半个外形视图和半个剖视图的分界线应画成点画线,不能画成粗实线。由于图形对称,零件的内部形状已在半个剖视图中表示清楚,所以在表达外部形状的半个视图中,虚线应省略不画。但是如果机件的某些内部形状在半剖视图中没有表达清楚,则在表达外部形状的半个视图中,应该用虚线画出。当机件的形状接近于对称,且不对称部分已另有图形表达清楚时,也可画成半剖视图。

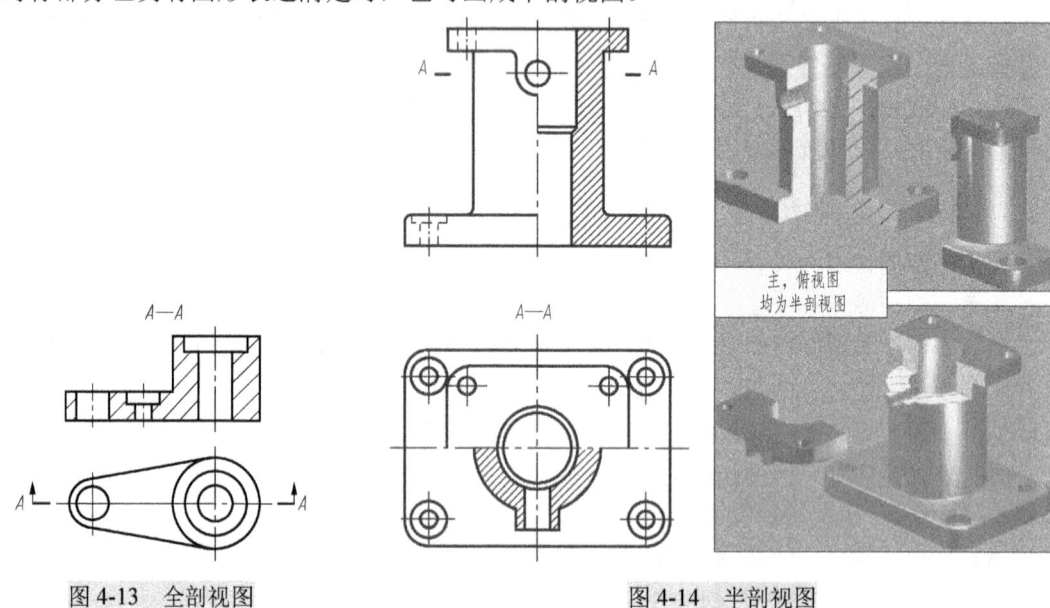

图 4-13 全剖视图

图 4-14 半剖视图

3. 局部剖视图

用剖切平面局部地剖开机件所得的视图,称为局部剖视图,如图 4-15 所示。画局部剖视图时必须注意:当单一剖切平面的剖切位置明显时,可以省略局部剖视图的标注。局部剖视图用波浪线分界,波浪线不应与图样上其他图线重合,当被剖切结构为回转体时,允许将该结构的中心线作为局部剖视与视图的分界线。

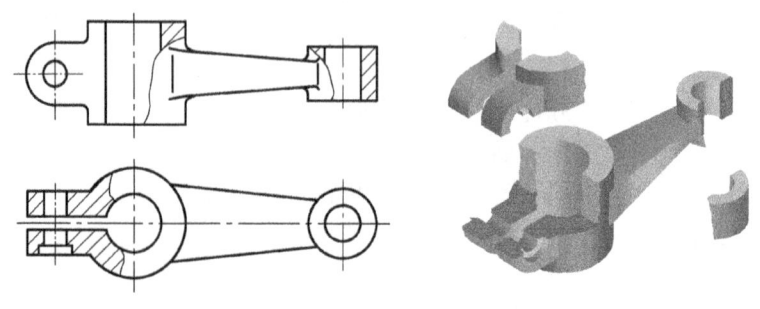

图 4-15 局部剖视图

任务总结

（1）将视图改画成全剖视图时，将视图中的虚线改画成粗实线，去掉外形交线，将剖面区域画上剖面符号。

（2）将视图改画成半剖视图时，以对称中心线为界，一半画视图（去掉虚线即可），另一半改画成剖视图。

任务训练

把下面的主视图（图 4-16 和图 4-17）改画成半剖视图。

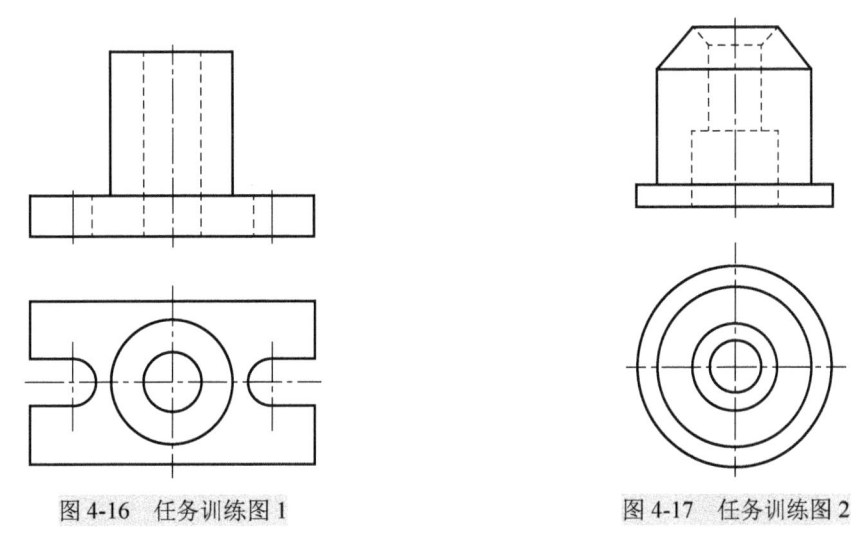

图 4-16　任务训练图 1　　　　图 4-17　任务训练图 2

4.3　断　面　图

任务引领

如图 4-18 所示，传动轴上的键槽，该如何表达其形状呢？这是我们在本任务中要重点学习的内容。

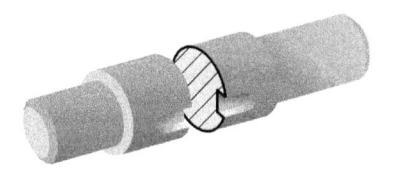

图 4-18　传动轴

任务链接

4.3.1　断面图的概念

假想用剖切平面将机件的某处切断，仅画出断面的图形，则该图形称为断面图，如图 4-19 所示。

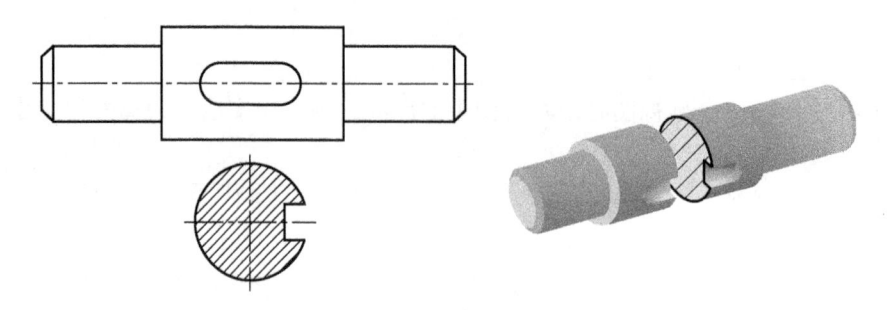

图 4-19　断面图

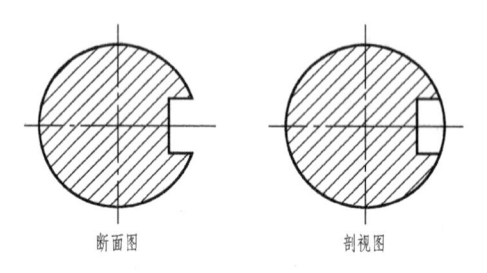

4.3.2　断面图与剖视图的区别

断面图与剖视图的区别是：断面图只画出机件的断面形状，而剖视图则将机件处在观察者和剖切平面之间的部分移去后，除了断面形状以外，还要画出机件留下部分的投影，如图 4-20 所示。

图 4-20　断面图与剖视图的区别

4.3.3　断面图的分类

断面图分移出断面图和重合断面图两种。

1. 移出断面图

画在视图外的断面图，称为移出断面图，如图 4-21 所示。

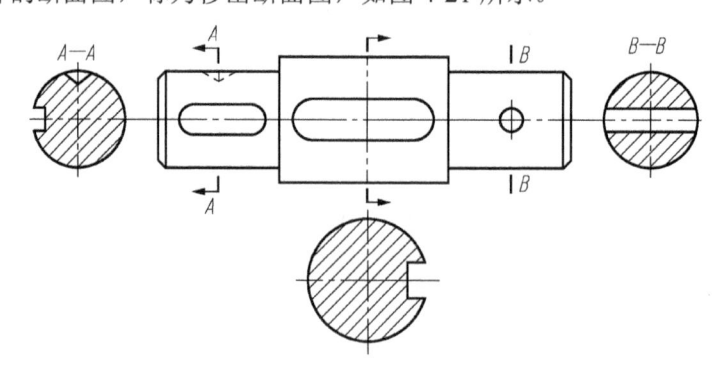

图 4-21　移出断面图

画移出断面图时应注意以下几个问题。

（1）移出断面的轮廓线用粗实线绘制，应尽量配置在剖切符号或剖切平面迹线的延长线上。剖切平面迹线是剖切平面与投影面的交线，用细点画线表示。

（2）移出断面一般应用剖切符号表示剖切位置，用箭头表示投影方向，并注上字母，在断面图上方应用同样的字母标出相应的名称"$X—X$"。

（3）剖切平面通过回转面形成的孔或凹坑的轴线时应按剖视画。

2. 重合断面图

画在视图内的断面图，称为重合断面图。重合断面图的轮廓线用细实线绘制，当视图中的轮廓线与重合断面图形重叠时，视图中的轮廓线仍应连续画出，不可间断，如图 4-22 所示。

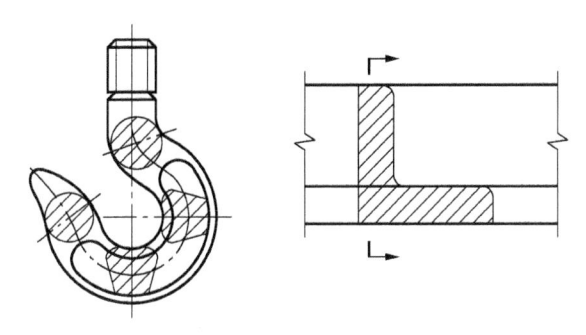

图 4-22　重合断面图

任务训练

在画有十字中心线处（图 4-23）画出轴的三个移出断面图（左侧键槽深 4 mm）。

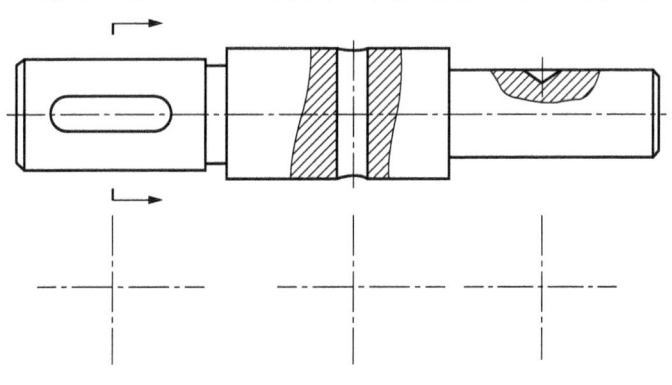

图 4-23　画移出断面图

项目五　零件图的表达与识读

本项目知识要点

（1）通过识读常见的轴类零件图，学会零件图的读图方法，熟悉轴类零件中常见的工艺结构，领会尺寸公差和表面粗糙度的含义，并能结合断面图，进一步识读较复杂的轴类零件。

（2）通过螺纹轴的识读，理解螺纹的画法，领会退刀槽在螺纹轴中的作用，并能读懂螺纹代号的含义。

（3）通过识读含有内螺纹的零件图，巩固对剖视图的理解，进一步提高读图技能。

（4）通过识读零件图，掌握各种形位公差的含义，能正确判断形位公差中的被测要素和基准要素。

探索思考

观察各种零件图，思考零件图中的技术要求都有哪些？

预习准备

搜集各种机械加工图纸，尝试读图。

5.1　识读轴类零件图（一）

任务引领

议一议：

（1）图 5-1 所示的零件的名称是什么？绘图比例是多少？制造该零件的材料是什么？

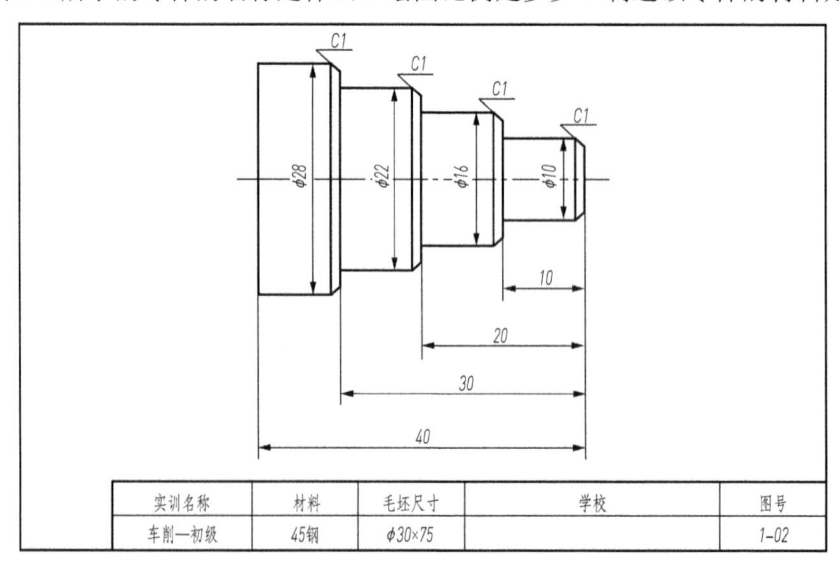

实训名称	材料	毛坯尺寸	学校	图号
车削—初级	45钢	φ30×75		1-02

图 5-1　阶梯轴零件图

（2）该零件由几部分组成？各部分形状是怎样的？
（3）你能指出各段圆柱的直径和长度吗？
（4）你知道 C1 表示什么含义吗？

任务链接

零件图用来表达零件的形状结构、尺寸和技术要求，是加工、制造零件的依据。

5.1.1 零件图的内容

（1）一组视图：能够正确、完整、清晰地表达零件各部分形状和结构的视图。
（2）完整的尺寸：标注零件制造和检验所必需的全部尺寸。
（3）技术要求：在零件图上，用一些规定的符号、代号和文字，说明零件在制造、检验和装配过程中所应达到的各项技术指标，如表面粗糙度、尺寸公差、形位公差、材料和热处理以及其他特殊要求等。
（4）标题栏：说明零件的名称、材料、图号和比例等。

5.1.2 零件图的读图步骤（以阶梯轴为例）

（1）读标题栏。该零件的名称为阶梯轴，材料为 45 钢，比例是 1∶2。
（2）分析视图，想象形状。该零件只有一个视图，结合尺寸标注可知为回转体零件，由四段圆柱组成。
（3）分析尺寸，知道大小。通过读图，可以知道四段圆柱的直径分别为ϕ28mm、ϕ22mm、ϕ16mm、ϕ10mm，轴向长度都是 10mm。另外，还能看出：图 5-1 中标注的尺寸 10、20、30 和 40 共同的起点都是右端面。标注尺寸的起点即尺寸基准，该图中有两个尺寸基准，即轴向基准和径向基准，轴向基准为ϕ10 圆柱的右端面，径向基准为中心轴线。
（4）分析技术要求，明确加工质量。

5.1.3 零件的工艺结构

零件图还应反映加工工艺对零件结构的各种要求。

1. 机械加工零件的工艺结构

1）倒角和倒圆

为了去除零件的毛刺、锐边，为了便于装配，一般在轴或孔的端部都加工成倒角；为了避免应力集中而产生裂纹，在轴肩处往往加工成圆角的过渡形式，称为倒角，如图 5-2 所示。

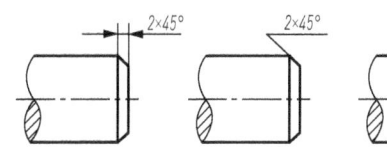

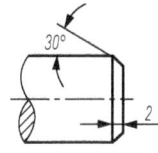

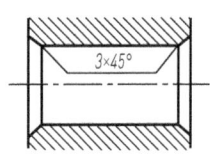

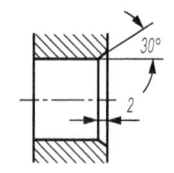

图 5-2 倒角的标注

一般 45°倒角按"宽度×角度"注出。也可以简化为：Cn 的形式，如 C2 或 C3，30°或 60°；倒角应分别注出角度和宽度。

2）螺纹退刀槽和砂轮越程槽

在切削加工中，特别是在车削螺纹和磨削时，为了便于退出刀具或使砂轮可以稍稍越过加工面，常常在零件待加工面的末端，先车出螺纹退刀槽或砂轮越程槽，如图 5-3 所示。

一般按"槽宽×槽深"或"槽宽×直径"注出。

3）钻孔端面（图 5-4）

钻孔端面的作用：避免钻孔偏斜和钻头折断。

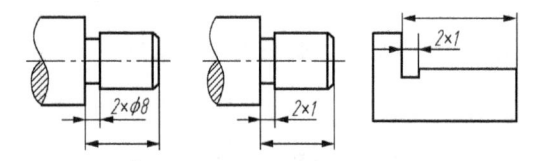

图 5-3 退刀槽的标注　　　　　　　　图 5-4 钻孔端面

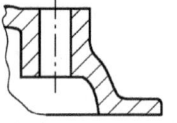

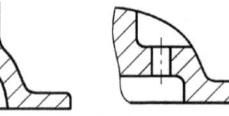

4）凸台和凹坑（图 5-5）

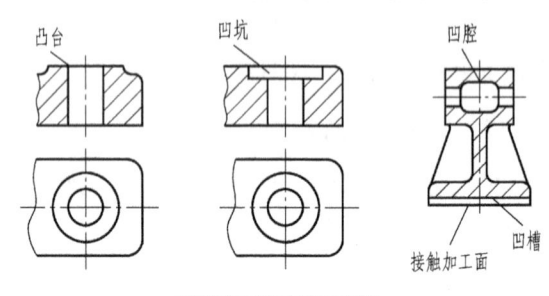

凸台和凹坑的作用：减少机械加工量及保证两表面接触良好。

图 5-5 凸台和凹坑

2. 铸造零件的工艺结构

1）铸造圆角

铸件表面相交处应有圆角，以免铸件冷却时产生缩孔或裂纹，同时防止脱模时砂型落砂，如图 5-6 所示。

铸造圆角的存在，使得铸件表面的相贯线变得不明显，为了区分不同表面，以过渡线的形式画出，如图 5-7 所示。

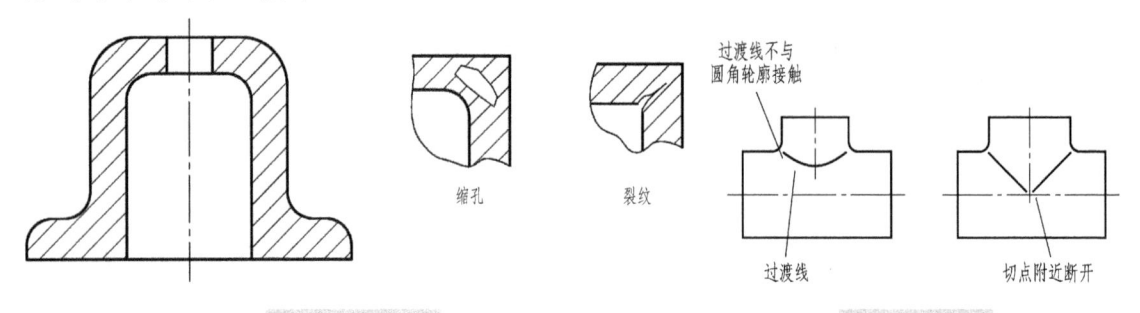

图 5-6 铸造圆角　　　　　　　　图 5-7 过渡线

2）起模斜度

铸件在内外壁沿起模方向应有斜度，称为起模斜度。当斜度较大时，应在图 5-8 中表示出来，否则不予表示。

3）壁厚均匀

铸件壁厚经常会有壁厚不均匀、壁厚均匀、壁厚逐渐过渡三种情况，如图 5-9 所示。

图 5-8 起模斜度

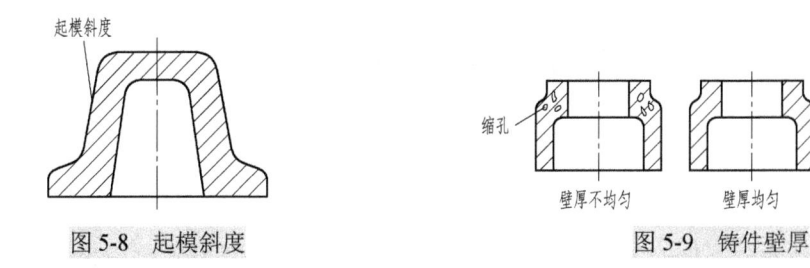

图 5-9 铸件壁厚

任务解读

该任务中阶梯轴的形状如图 5-10 所示。

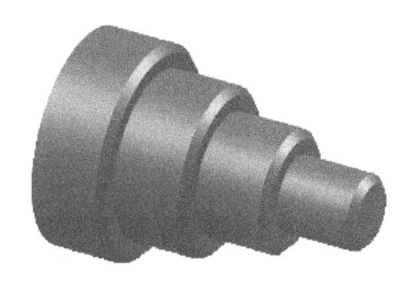

图 5-10 阶梯轴

任务拓展

各类孔的识读如下所述。

1. **光孔**

如图 5-11 所示的"4×ϕ4▼10"表示深度（符号"▼"）为 10 的 4 个圆销孔。

2. **埋头孔和沉孔**

如图 5-12 所示的符号"╲╱"为埋头孔，埋头孔的尺寸为ϕ10×90°。

图 5-11 光孔

图 5-12 埋头孔

如图 5-13 所示的符号"⊔"表示沉孔或锪平，此处有沉孔ϕ12 深 4.5。

3. **圆锥销孔**

如图 5-14 所示，圆锥销孔所标注的尺寸是所配合的圆锥销的公称直径，而不一定是图 5-14 中所画的小径或大径。

图 5-13 沉孔

图 5-14 圆锥销孔

5.2 识读轴类零件图（二）

任务引领

议一议：

（1）如图 5-15 所示的零件的名称是什么？绘图比例是多少？制造该零件的材料是什么？

（2）该零件由几部分组成？各部分形状是怎样的？

（3）你能指出各部分的直径和长度吗？

（4）图 5-15 中 $\phi 28_{-0.1}^{0}$、25 ± 0.1 表示什么含义？

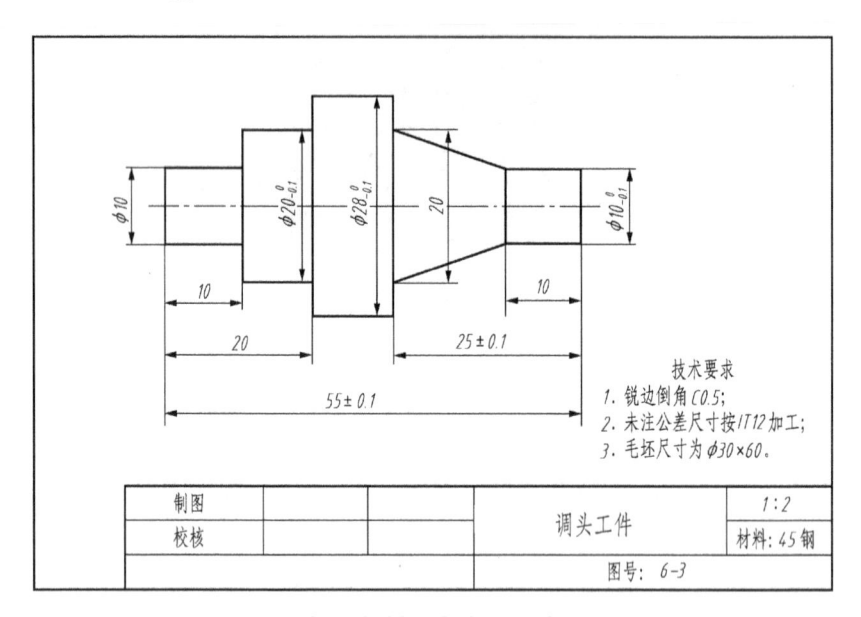

图 5-15 调头工件零件图

任务链接

5.2.1 读图步骤

（1）读标题栏。如图 5-15 所示的零件的名称为调头工件，材料为 45 钢，绘图比例是 1∶2。

（2）分析视图，想象形状。该零件只有一个视图，结合尺寸标注可知为回转体零件，由四段圆柱和一段圆台组成。

（3）分析尺寸，知道大小。读零件图中的尺寸，可知四段圆柱的直径分别是 $\phi 10$ mm、$\phi 20$ mm、$\phi 28$ mm 和 $\phi 10$ mm，长度都是 10 mm，圆台长度为 15 mm。轴向尺寸基准为左端面或右端面，径向尺寸基准为中心轴线。

（4）分析技术要求，明确加工质量。$\phi 20_{-0.1}^{\ 0}$、$\phi 28_{-0.1}^{\ 0}$、$\phi 10_{-0.1}^{\ 0}$ 表示什么意思呢？25 ± 0.1 和 55 ± 0.1 的含义又是怎样的呢？这就是该零件图中我们要重点学习的尺寸公差的内容。

5.2.2 零件图上的技术要求——尺寸公差

现代化大规模生产要求零件具有互换性，即从同一规格的一批零件中任取一件，不经修配就能装到机器或部件上,并能保证使用要求。零件的互换性是机械产品批量化生产的前提。零件的互换性是通过尺寸公差来实现的。

1. 公称尺寸、实际要素、极限尺寸

公称尺寸（A）：由设计者给定的尺寸,如$\phi 10$mm、$\phi 20$mm、$\phi 28$mm 都是公称尺寸。

实际要素：零件制成后实际测得的尺寸。

极限尺寸：允许尺寸变化的两个极限值。它们是上极限尺寸和下极限尺寸的总称。

上极限尺寸（$A_{\max}$）：两个极限尺寸中较大的一个称为上极限尺寸,如$\phi 42$mm。

下极限尺寸（$A_{\min}$）：两个极限尺寸中较小的一个称为下极限尺寸,如$\phi 41.9$mm。

做一做：一根轴的直径为$\phi 50\pm 0.008$,则公称尺寸等于多少？上极限尺寸等于多少？下极限尺寸等于多少？零件合格的条件是什么？

2. 尺寸偏差和尺寸公差

上极限偏差：上极限尺寸减其公称尺寸所得的代数差称为上极限偏差,如$\phi 20_{-0.1}^{0}$中,0即上极限偏差。

下极限偏差：下极限尺寸减其公称尺寸所得的代数差称为下极限偏差,如$\phi 20_{-0.1}^{0}$中,-0.1即下极限偏差。

上、下极限偏差是代数值,其值前必须冠以"+"号、"-"号或者写为"0"。

公差：在实际生产中,零件的尺寸不可能加工得绝对准确,而是允许零件在一个合理的范围内变动。这个允许尺寸的变动量就是尺寸公差,简称公差。例如,$\phi 20_{-0.1}^{0}$表示该直径允许在$\phi 19.9\sim\phi 20$mm 变动,其公差为：20mm-19.9mm=0.1mm。

做一做：$\phi 50\pm 0.008$,则上极限偏差等于多少？下极限偏差等于多少？公差等于多少？

3. 公差带

如图 5-16 所示,可以把公称尺寸、偏差、公差之间的关系简化成公差带图。由代表上下极限偏差的两条直线所限定的一个区域称为公差带,确定偏差的一条基准线称为零偏差线,简称零线。一般情况下,零线代表公称尺寸,零线之上为正偏差,零线之下为负偏差。

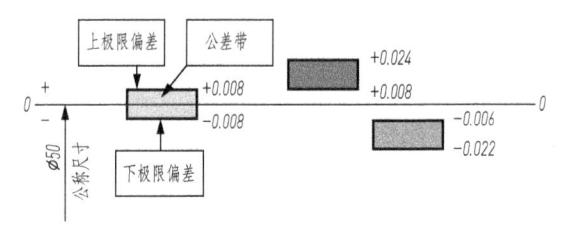

图 5-16 公差带图

公差带图可以直观地表示出公差的大小及公差带相对于零线的位置。国家标准规定,公差带的大小和位置分别由基本偏差和标准公差来确定。

4. 标准公差

如图 5-17 所示,标准公差用以确定公差带的大小,国家标准共规定了 20 个等级,并用"国际公差"的符号"IT"表示,共分 20 个等级,分别用 IT01、IT0、IT1、…、IT18 表示,公差依次增大,等级（精度）依次降低。标准公差的数值由公称尺寸和公差等级确定,如表 5-1 所示。公差等级在零件的加工中表示零件要求的加工精确程度,在机械装配中表示装配要求的精确程度。零件的公差等级高时,零件的尺寸精度要求高,加工也较困难。

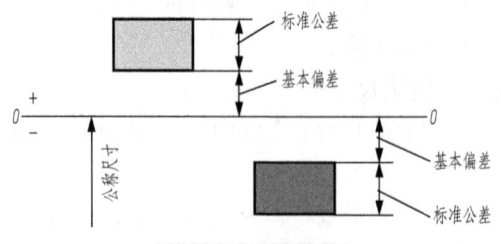

图 5-17 标准公差

表 5-1 标准公差值（基本尺寸大于 6～500mm）

基本尺寸/mm	公差等级							
	IT5	IT6	IT7	IT8	IT9	IT10	IT11	IT12
>6～10	6	9	15	22	36	58	90	150
>10～18	8	11	18	27	43	70	110	180
>18～30	9	13	21	33	52	84	130	210
>30～50	11	16	25	39	62	100	160	250
>50～80	13	19	30	46	74	120	190	300
>80～120	15	22	35	54	87	140	220	350
>120～180	18	25	40	63	100	160	250	400
>180～250	20	29	46	72	115	185	290	460
>250～315	23	32	52	81	130	210	320	520
>315～400	25	36	57	89	140	230	360	570
>400～500	27	40	63	97	155	250	400	630

5. 基本偏差

用以确定公差带相对于零线的位置，一般为靠近零线的那个偏差。它可以是上极限偏差或下极限偏差。国家标准规定的基本偏差系列，其代号用拉丁字母表示，大写字母表示孔，小写字母表示轴，各有 28 个代号，如图 5-18 所示。

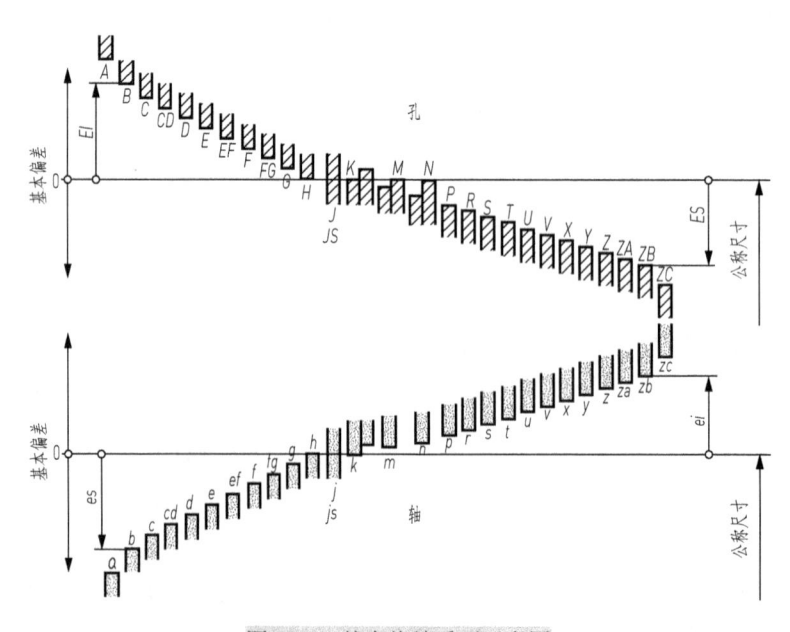

图 5-18 基本偏差系列示意图

（1）孔的基本偏差 A～H 为下极限偏差，J～ZC 为上极限偏差；轴的基本偏差 a～h 为上极限偏差，j～zc 为下极限偏差。图中 h 和 H 基本偏差为零，分别代表基准轴和基准孔。JS 和 js 对称于零线，其上、下极限偏差分别为+IT/2 和-IT/2。

（2）基本偏差系列示意图中只表示公差带相对零线的位置，所以只画出属于基本偏差的一端，另一端是开口的，其封口位置取决于标准公差（IT）的大小。

6. 公差带的确定及代号

基本偏差系列图中，只表示了公差带的位置，没有表示公差带的大小，因此公差带一端是开口的，其偏差值取决于所选标准公差的大小，可根据基本偏差和标准公差算出，也可以采用查孔、轴的极限偏差表的方法得到相应的数值。

对于孔：ES=EI+IT 或 EI=ES-IT。

对于轴：es=ei+IT 或 ei=es-IT。

孔、轴公差带代号由基本偏差代号和公差等级代号组成，如ϕ50 H8、ϕ50f7。

例 5-1 孔ϕ50H8：公称尺寸ϕ50；基本偏差 H，下极限偏差为 EI=0；标准公差 IT8 级（查表 5-1 得 IT8=39μm）；需要求出上极限偏差 ES。

1）计算法

对于孔：ES=EI+IT=0+0.039=+0.039。

2）查表法

对于孔：根据ϕ50H8 查附表 3。其公称尺寸 30～50；基本偏差代号 H；公差等级 8；查得 ES=+0.039。

例 5-2 ϕ50 f7：公称尺寸ϕ50；基本偏差 f，上极限偏差为 es=-0.025（查附表 2）；标准公差 IT7 级（查表 5-1 得 IT7= 25μm）；需要求出下极限偏差 ei。

1）计算法

对于轴：ei=es-IT=-0.025-0.025=-0.050。

2）查表法

对于轴：根据ϕ50f7 查附表 2。其公称尺寸 30～50；基本偏差代号 f；公差等级 7；查得 ei= -0.050。

7. 尺寸公差的识读

例 5-3 写出下面公差带的全称。

此公差带的全称是：公称尺寸为ϕ50，公差等级为 8 级，基本偏差为 H 的孔的公差带。

例 5-4 写出下面公差带的全称。

此公差带的全称是：公称尺寸为$\phi 50$，公差等级为 7 级，基本偏差为 f 的轴的公差带。

孔轴结合在一起时，其配合代号的写法，如$\phi 50H8/f7$。分子部分$\phi 50H8$ 表示孔的公差带代号；分母部分$\phi 50f7$ 表示轴的公差带代号。

任务解读

调头工件的形状如图 5-19 所示。$\phi 20_{-0.1}^{0}$ 表示圆柱的上极限尺寸为（　　）mm，下极限尺寸为（　　）mm，尺寸公差为（　　）mm。25 ± 0.1 表示右端圆柱和圆台的总长最大为（　　）mm，最小为（　　）mm，尺寸公差为（　　）mm。

想一想：$\phi 28$ 和 55 ± 0.1 的含义是怎样的？

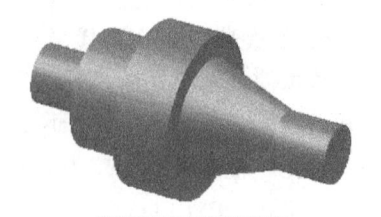

图 5-19　调头工件

任务训练

孔$\phi 100_{0}^{+0.035}$，表示孔的公称尺寸为（　　）mm，上极限偏差为（　　）mm，下极限偏差为（　　）mm。轴$\phi 100_{-0.012}^{-0.034}$，表示轴的公称尺寸为（　　）mm，上极限偏差为（　　）mm，下极限偏差为（　　）mm。$\phi 140\pm 0.02$ 表示公称尺寸为（　　）mm，上极限偏差为（　　）mm，下极限偏差为（　　）mm。

任务拓展

一般公差的概念如下所述。

（1）一般公差是指在常规加工条件下可以保证的公差。采用一般公差的尺寸时，在该尺寸后不注出极限偏差。国家标准 GB/T 1804—2000（一般公差线性尺寸的未注公差）给出了"一般公差"的概念，从而脱离了与传统公差（IT）的关系。

（2）一般公差可应用在线性尺寸、角度尺寸、形状和位置等几何要素中。采用一般公差的要素在图样上不单独注出公差，而是在图样上、技术文件或标准中做出总的说明。

（3）线性尺寸的一般公差规定了四个公差等级：f（精密级）、m（中等级）、c（粗糙级）、v（最粗级）。

5.3　识读轴类零件图（三）

任务引领

议一议：

（1）如图 5-20 所示的零件的名称是什么？绘图比例是多少？制造该零件的材料是什么？

（2）该零件由几部分组成？各部分形状是怎样的？

（3）你能指出各部分的直径和长度吗？

（4）图 5-20 所示的$\sqrt{Ra\,1.6}$、$\sqrt{Ra\,3.2}$ 表示什么含义？

项目五 零件图的表达与识读

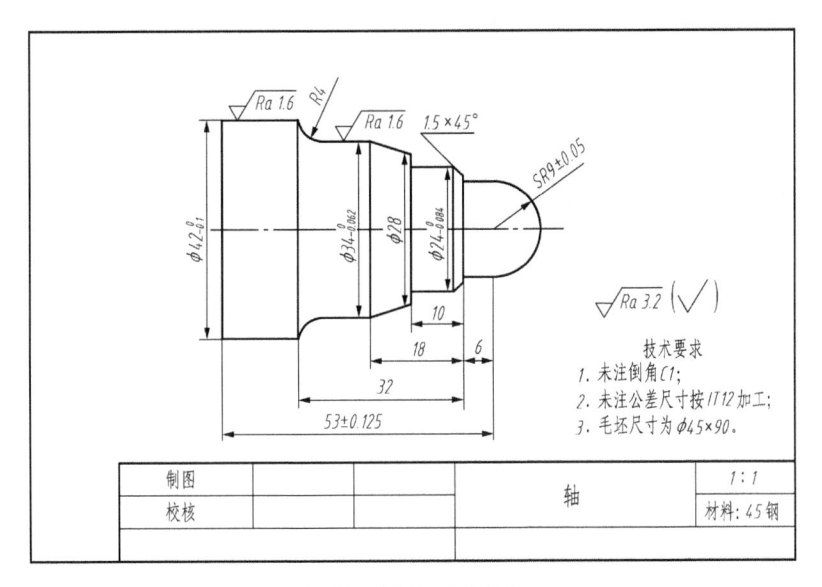

图 5-20 轴的零件图

任务链接

5.3.1 读图步骤

1. 读标题栏

通过读标题栏可知，该零件的名称为轴，材料为 45 钢，绘图比例是 1∶1。

2. 分析视图，想象形状

该零件只有一个视图，结合尺寸标注可知为回转体零件，由五部分组成，包含圆柱、圆台和半球。

3. 分析尺寸，知道大小

通过尺寸分析可知，从左往右各段的轴向尺寸分别为 15mm、14mm、8mm、10mm、6mm；倒角宽为（　　）mm，角度为（　　）；$\phi 34$ 圆柱采用圆角过渡，半径为 9mm。轴向基准为 $\phi 24$ 圆柱的右端面，径向基准为中心轴线。

4. 分析技术要求，明确加工质量

$\phi 42_{-0.1}^{0}$ 表示圆柱的上极限尺寸为（　　）mm，下极限尺寸为（　　）mm，尺寸公差为（　　）mm。

$\phi 34_{-0.062}^{0}$ 表示圆柱的上极限尺寸为（　　）mm，下极限尺寸为（　　）mm，尺寸公差为（　　）mm。

$\phi 24_{-0.084}^{0}$ 表示圆柱的上极限尺寸为（　　）mm，下极限尺寸为（　　）mm，尺寸公差为（　　）mm。

53±0.125 表示上极限尺寸为（　　）mm，下极限尺寸为（　　）mm，尺寸公差为（　　）mm。

$SR9±0.05$ 表示半球的半径最大是 9.05 mm，最小是 8.95 mm，加工的实际要素必须为 8.95～9.05 mm，否则就是不合格产品。

想一想： $\sqrt{Ra\ 1.6}$ 和 $\sqrt{Ra\ 3.2}$ 到底表示什么含义呢？这就是我们在此任务中要重点学习的内容。

5.3.2 零件图上的技术要求——表面粗糙度

1. 表面粗糙度的概念及评定参数

1）表面粗糙度的概念

表面粗糙度是指加工后零件表面上具有的较小间距和峰谷所组成的微观不平度。它对零件的使用性能和加工都有很大影响。

2）评定表面粗糙度的参数

表面粗糙度参数的单位是 μm。

（1）轮廓算术平均偏差 Ra。它是指在取样长度内，被测轮廓上各点至轮廓中线偏距绝对值的算术平均值，如图 5-21 所示。

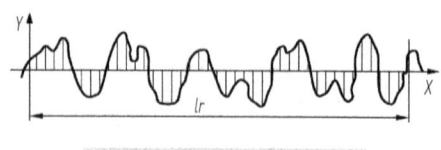

图 5-21 轮廓算术平均偏差

$$Ra = 1/lr \int_{t}^{0} |Y(X)| dX$$

近似为

$$Ra = 1/n \sum |Y_i|$$

式中，Y 为轮廓线上的点到基准线（中线）之间的距离；lr 为取样长度；轮廓算术平均偏差常用 Ra 表示，Ra 的数值有 100、50、25、12.5、6.3、3.2、1.6、0.8、0.4、0.2、0.1、0.05、0.025、0.012。

（2）轮廓最大高度用 Rz 表示。轮廓最大优先选用轮廓算术平均偏差 Ra。

2. 表面粗糙度符号、代号

1）表面粗糙度符号

在图样上表示对零件表面质量的要求，用表面粗糙度符号、代号。国家标准（GB/T 131—2006）规定了表面粗糙度的符号（表 5-2）、代号及其注法。同时指出，图样上所标注的粗糙度符号、代号是指该表面加工后的要求。

表 5-2 表面粗糙度符号

符号名称	符号	含义
基本图形符号	H_1=字高　$H_2=2H_1$	未指定工艺方法的表面，当通过一个注释解释时可单独使用
扩展图形符号		用去除材料方法获得的表面；仅当其含义是"被加工表面"时可单独使用
		不去除材料的表面，也可用于表示保持上道工序形成的表面，不管这种状况是通过去除或不去除材料形成的
完整图形符号		在以上各种符号的长边上加一横线，以便注写对表面结构的各种要求

2）代号

注写 Ra 时，只注写一个值时，表示为上限值；注两个值时，表示为上限值和下限值。

例如，√Ra 3.2 表示用去除材料的方法获得的表面，Ra 的上限值为 3.2μm；√Ra 3.2 用任何方法获得的表面，Ra 的上限值为 3.2μm；√Ra 3.2/Ra 1.6 用去除材料的方法获得的表面，Ra 的上限值为 3.2μm，下限值为 1.6μm。

3. 表面粗糙度的识读

看一看：图 5-22 中有几种不同的表面粗糙度要求？

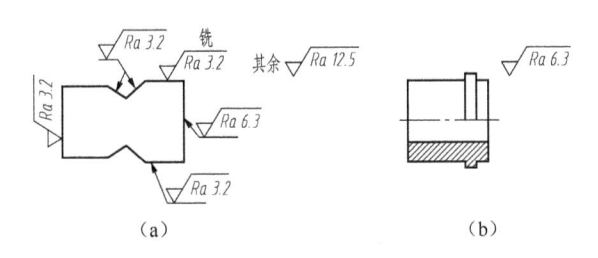

图 5-22　表面粗糙度的标注

任务解读

该任务中轴类零件的形状如图 5-23 所示，零件图中新增加的内容是表面粗糙度的识读，从任务图中可以看出，ϕ42 和 ϕ34 的表面粗糙度要求最高，为 Ra1.6，其他表面为 Ra3.2。

任务拓展

表面粗糙度在图样上的标注方法

（1）在同一图样上每一表面只标注一次粗糙度代号，且应标注在可见轮廓线、尺寸界线、引出线或它们的延长线上，并尽可能靠近有关尺寸线。

（2）当零件的大部分表面具有相同的粗糙度要求时，对其中使用最多的一种代（符）号，可统一注在图纸的右上角，并加注"其余"二字。

（3）代号中的数字方向应与尺寸数字的方向一致。

（4）符号的尖端必须从材料外指向表面。

标注示例，如图 5-24 所示。

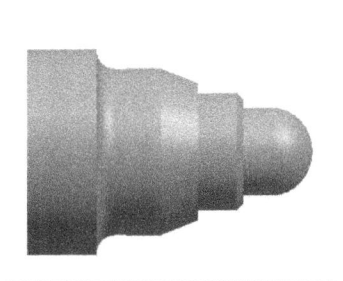

图 5-23　任务中轴类零件的形状 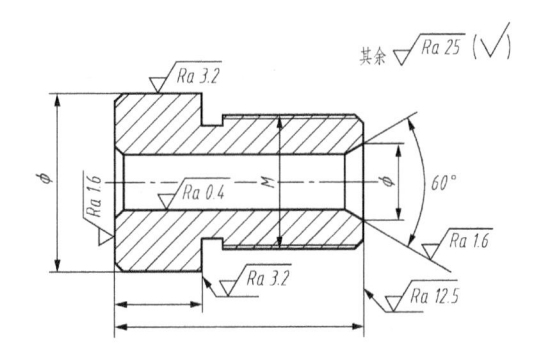　　图 5-24　表面粗糙度在图样上的标注示例

5.4 识读轴类零件图（四）

任务引领

议一议：
（1）如图 5-25 所示的零件的名称是什么？绘图比例是多少？制造该零件的材料是什么？
（2）该零件由几部分组成？各部分形状是怎样的？
（3）你能说出各部分的尺寸吗？
（4）你知道 1:8 表示什么含义吗？

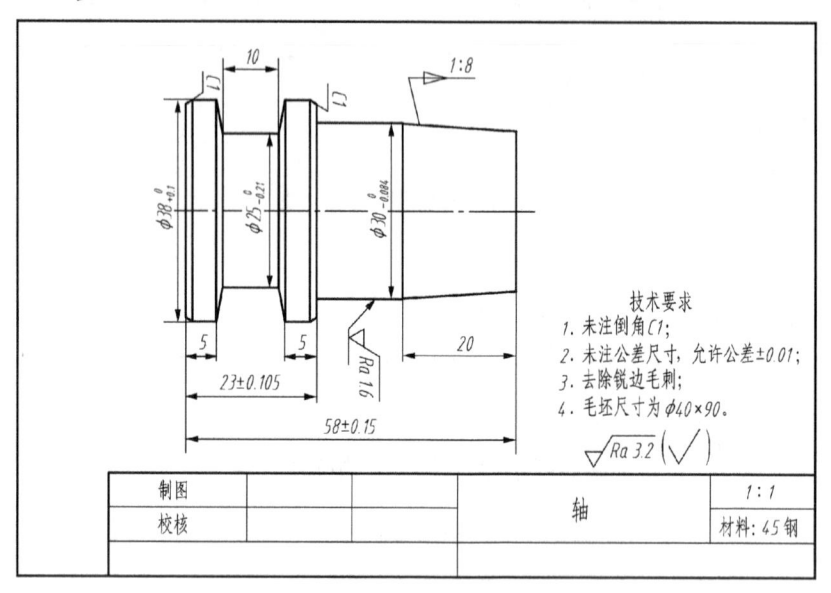

图 5-25 锥轴

任务链接

5.4.1 读图步骤

1. 读标题栏

通过读图 5-25 所示的标题栏可知，该零件的名称为轴，材料为 45 钢，绘图比例是 1∶1。

2. 分析视图，想象形状

该零件只有一个视图，结合尺寸标注可知为回转体零件，由一系列的圆柱和圆台组成，$\phi38$ 圆柱端部有 $1\times45°$ 倒角，共两处。

3. 分析尺寸，知道大小

通过尺寸分析可知，$\phi38$ 圆柱长度为 5mm，有两段，$\phi38\sim\phi25$ 圆台长度为 1.5mm，也是两段，$\phi25$ 圆柱长度为 10mm，$\phi30$ 圆柱长度为 15mm，最右端圆台长度为 20mm。轴向基准为 $\phi38$ 圆柱的左端面，径向基准为中心轴线。

4. 分析技术要求，明确加工质量

$\phi38^{+0.1}_{0}$ 表示圆柱的上极限尺寸为（　　）mm，下极限尺寸为（　　）mm，尺寸公差为（　　）mm。

$\phi 25_{-0.21}^{0}$ 表示圆柱的上极限尺寸为（　　　）mm，下极限尺寸为（　　　）mm，尺寸公差为（　　　）mm。

$\phi 30_{-0.084}^{0}$ 表示圆柱的上极限尺寸为（　　　）mm，下极限尺寸为（　　　）mm，尺寸公差为（　　　）mm。

23±0.105 表示上极限尺寸为（　　　）mm，下极限尺寸为（　　　）mm，尺寸公差为（　　　）mm。

58±0.15 表示圆柱的上极限尺寸为（　　　）mm，下极限尺寸为（　　　）mm，尺寸公差为（　　　）mm。

$\phi 30$ 圆柱表面粗糙度参数为 1.6，其他表面为 3.2。

想一想：右端圆台的小端直径是多少呢？怎样才能计算出来呢？这就是我们在此任务中要重点学习的内容。

5.4.2 斜度和锥度

1. 斜度

斜度：是指一直线（或平面）相对于另一直线（或平面）的倾斜程度，用正切值表示。

大小：斜度 $K=\tan\alpha=H/L=(H-h)/l$。

画法：以画斜度 1∶6 为例，具体步骤如图 5-26 所示。

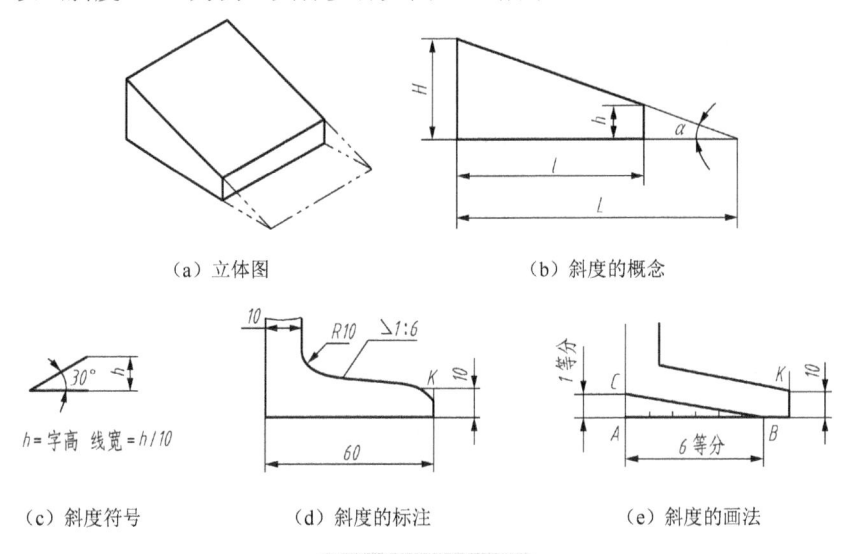

（a）立体图　　（b）斜度的概念

（c）斜度符号　　（d）斜度的标注　　（e）斜度的画法

图 5-26　斜度的画法

2. 锥度

锥度：指圆锥体底圆直径与锥高之比。如果是圆锥台，则为上、下底圆直径差与圆锥台高度之比。

大小：锥度 $C=2\tan\alpha=D/L=(D-d)/l$。

画法：以画锥度 1∶3 的圆锥台为例，具体作图步骤如图 5-27 所示。

（1）作 $EF\perp AB$。

（2）取 $CC_1\colon AB=1\colon 3$，连接 BC、BC_1。

（3）过点 E、F 作 BC、BC_1 的平行线，即得所求圆锥台的锥度线。

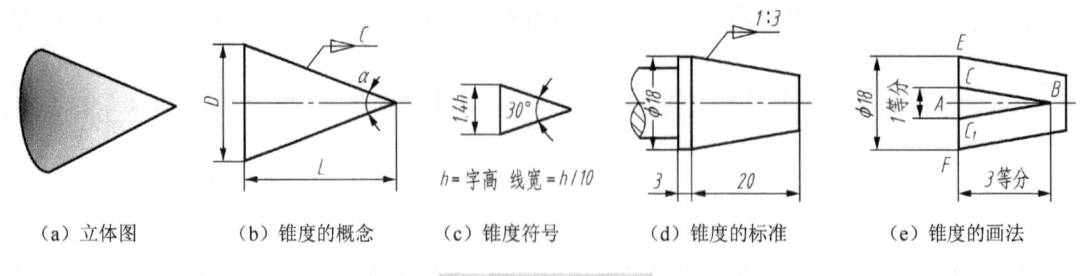

(a) 立体图　　(b) 锥度的概念　　(c) 锥度符号　　(d) 锥度的标准　　(e) 锥度的画法

图 5-27　锥度的画法

标注：锥度用符号"◁—"和 1∶n 表示，符号的方向与圆锥方向一致，并配置在基准线上。

任务解读

该任务中锥轴的形状如图 5-28 所示。

◁ 1∶8 表示锥度大小为 1∶8，即 (D−d)/l=1∶8，即 (30−d)/l=1∶8，可求得 d=27.5mm。

任务拓展

请同学们通过各种信息化手段查阅锥轴是怎样加工的？

图 5-28　锥轴

5.5　识读套类零件图

任务引领

看懂如图 5-29 所示的零件图，明确各部分的形状和大小。

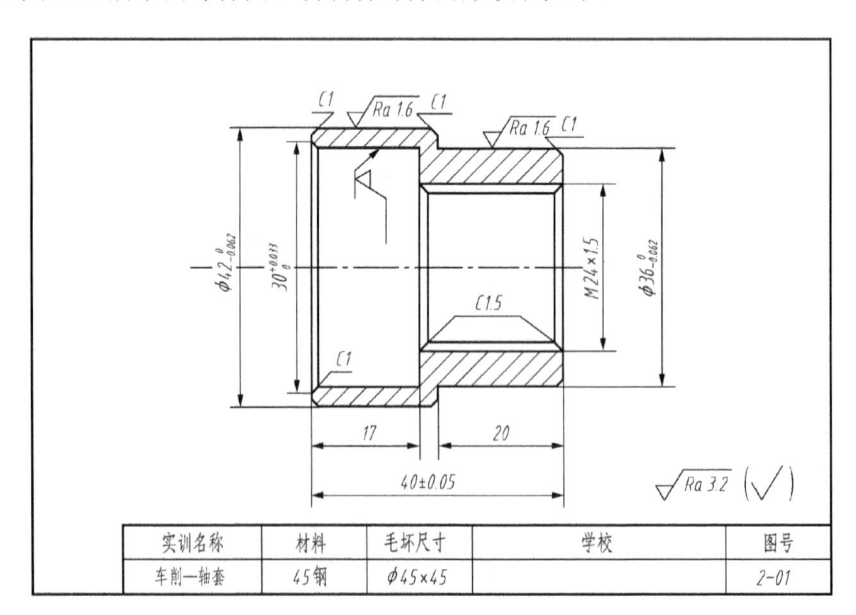

图 5-29　轴套类零件图

任务链接

1. 读标题栏

通过读如图 5-29 所示的标题栏可知，该零件的名称为轴套，材料为 45 钢，绘图比例是 1∶1。

2. 分析视图，想象形状

该零件只有一个视图，结合尺寸标注可知为回转体零件，从外形看，由 φ42 圆柱和 φ36 圆柱组成。端部有 1×45°倒角，共三处。

3. 分析尺寸，知道大小

通过尺寸分析可知，φ42 圆柱和 φ36 圆柱长度均为 20mm，轴向基准为左端面，径向基准为中心轴线。

4. 分析技术要求，明确加工质量

$\phi 42_{-0.062}^{0}$ 表示圆柱的上极限尺寸为（　　）mm，下极限尺寸为（　　）mm，尺寸公差为（　　）mm。

$\phi 36_{-0.062}^{0}$ 表示圆柱的上极限尺寸为（　　）mm，下极限尺寸为（　　）mm，尺寸公差为（　　）mm。

$\phi 30_{0}^{+0.033}$ 表示圆柱的上极限尺寸为（　　）mm，下极限尺寸为（　　）mm，尺寸公差为（　　）mm。

40±0.05 表示上极限尺寸为（　　）mm，下极限尺寸为（　　）mm，尺寸公差为（　　）mm。

φ42 和 φ36 圆柱表面粗糙度参数为 1.6，其他表面为 3.2。

想一想：如图 5-29 所示的 φ42 圆柱和 φ36 圆柱的内部是实心的还是空心的？图 5-29 中的斜线表示何意？

任务解读

根据前面学习的剖视图的知识可知，图 5-30 所示的零件采用了全剖视图的表达方式，φ42 和 φ36 圆柱内部有 φ30 和 φ24 圆孔。φ30 圆孔长度为 17 mm，φ24 圆孔长度为 23mm。孔端有三处倒角，φ30 圆孔的表面粗糙度参数为 1.6，φ24 圆孔的表面粗糙度参数为 3.2。轴套形状如图 5-30 所示。

任务训练

议一议：图 5-31 和图 5-32 所示的零件由几部分组成？各部分形状是怎样的？

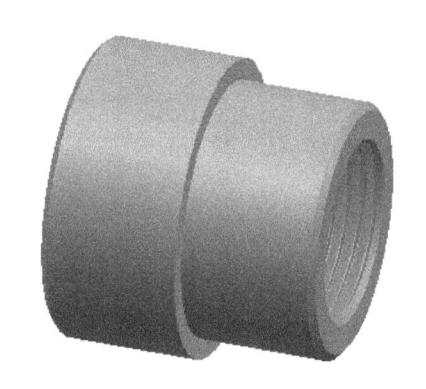

图 5-30　轴套

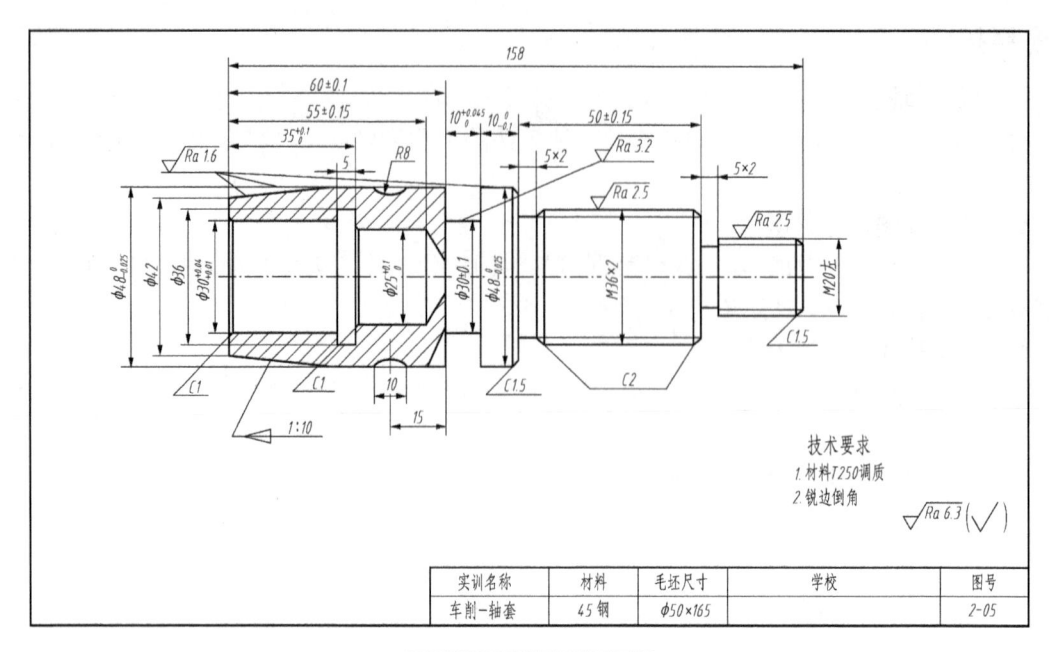

图 5-31　轴零件图（1）

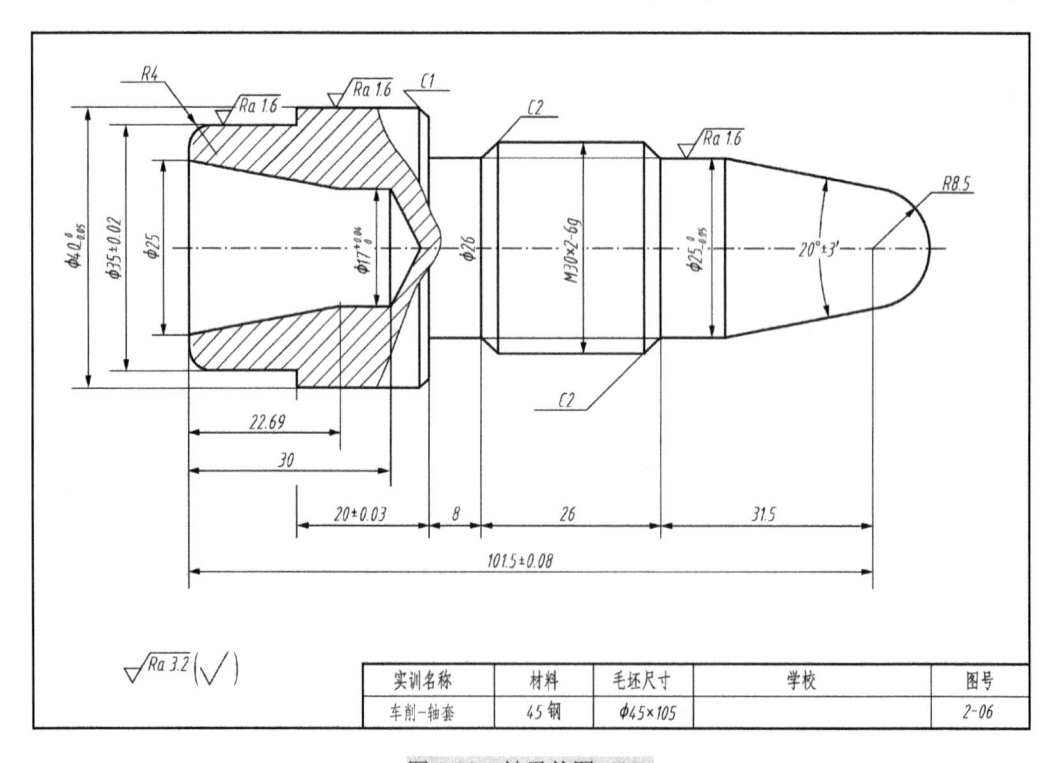

图 5-32　轴零件图（2）

任务拓展

请大家尝试读如图 5-33 所示的零件图，与同学们交流并讨论该零件的形状。

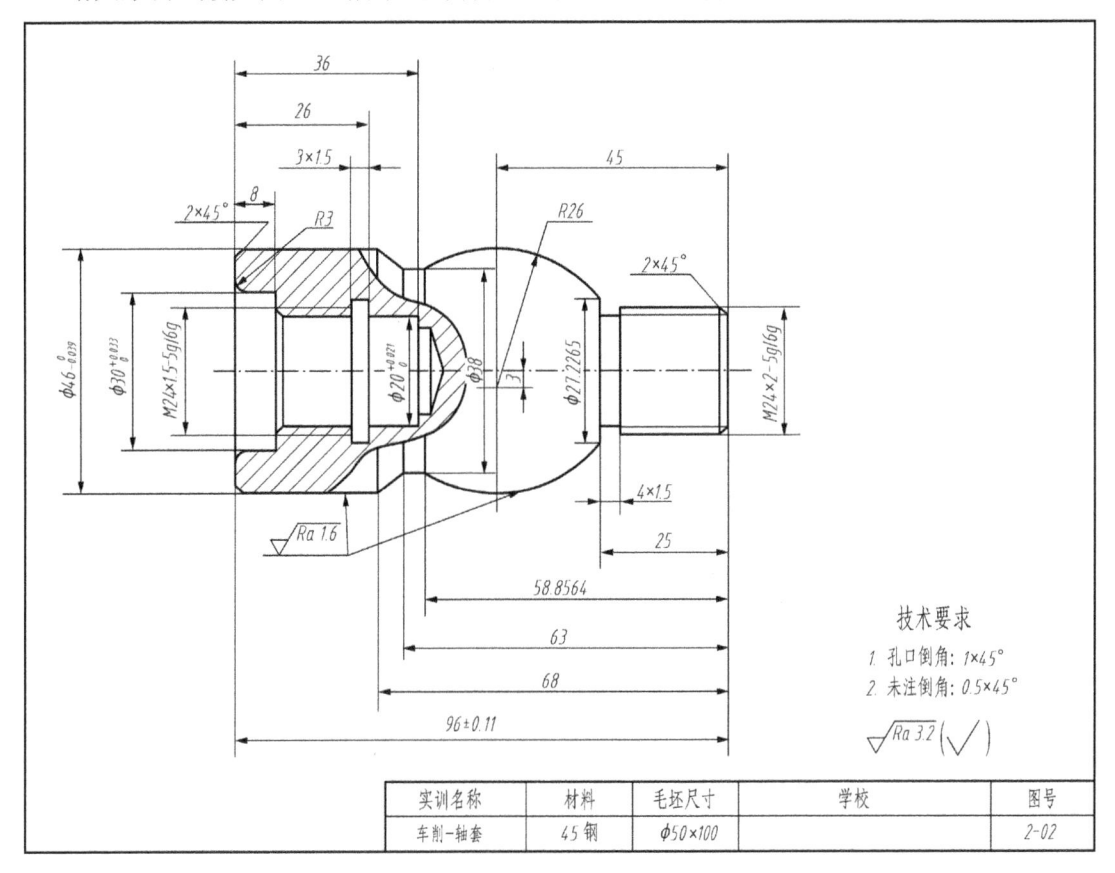

图 5-33 轴零件图（3）

5.6 识读螺纹轴零件图（一）

任务引领

看懂如图 5-34 所示的零件图，明确各部分的形状和大小。

任务链接

5.6.1 读图步骤

1. 读标题栏

通过读如图 5-34 所示的标题栏可知，该零件的名称为螺纹轴，材料为 45 钢，绘图比例是 1：1。

2. 分析视图，想象形状

该零件由 4 部分组成，左面 3 部分分别是 $\phi 28$ 的圆柱、圆台和退刀槽，最右端形状不清楚。

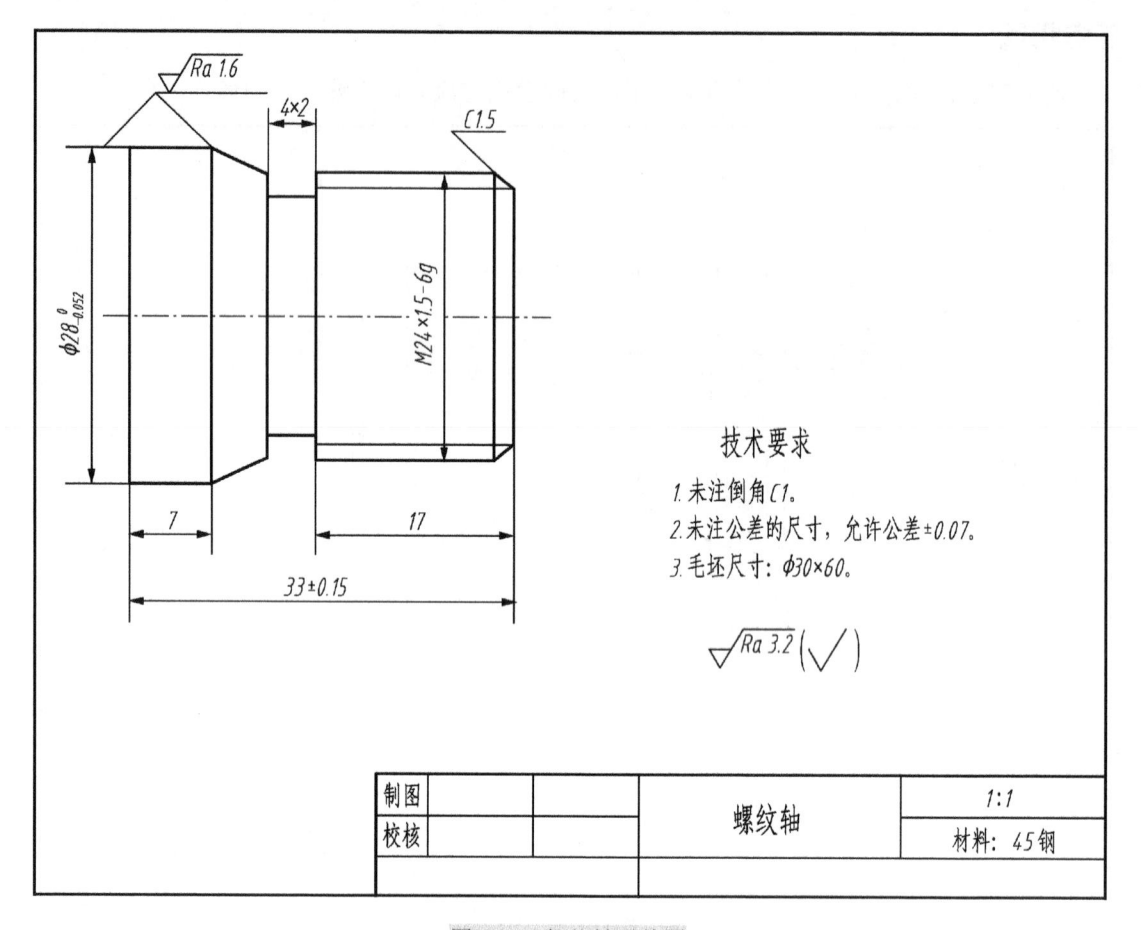

图 5-34 螺纹轴零件图

3. 分析尺寸，知道大小

通过尺寸分析可知，$\phi 28$ 圆柱长度为 7mm，退刀槽槽宽为 4 mm，槽深为 2 mm，圆台长度为 5 mm，轴向基准为左端面，径向基准为中心轴线。

4. 分析技术要求，明确加工质量

$\phi 28_{-0.052}^{0}$ 表示圆柱的上极限尺寸为（　　）mm，下极限尺寸为（　　）mm，尺寸公差为（　　）mm。

33 ± 0.15 表示上极限尺寸为（　　）mm，下极限尺寸为（　　）mm，尺寸公差为（　　）mm。

$\phi 28$ 圆柱和圆台表面粗糙度参数为 1.6，其他表面为 3.2。

想一想：最右端的形状是怎样的？M24×1.5-6g 表示什么含义？这就是我们在此任务中要重点学习的内容。

5.6.2 螺纹的形成和加工

1. 螺纹的形成

外螺纹——制在圆柱体外表面上的螺纹。

内螺纹——制在圆柱体内表面上的螺纹。

2. 螺纹的加工方法

工厂中加工螺纹的方法很多，常用的方法是在车床上车削加工，如图 5-35 所示。

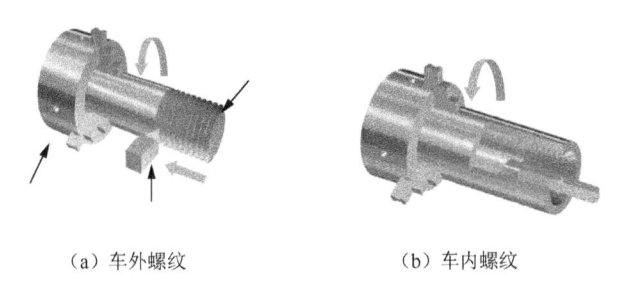

（a）车外螺纹　　　　　（b）车内螺纹

图 5-35　车螺纹

5.6.3　螺纹的要素

内、外螺纹连接时，螺纹的下列要素必须一致。

1. 牙型

在通过螺纹轴线的剖面上，螺纹的轮廓形状，称为螺纹牙型。它有三角形、梯形、锯齿形和方形等，如图 5-36 所示。不同的螺纹牙型，有不同用途。

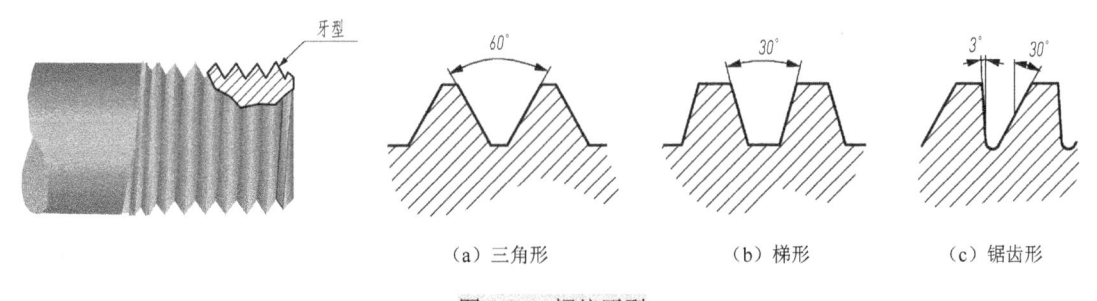

（a）三角形　　　　　（b）梯形　　　　　（c）锯齿形

图 5-36　螺纹牙型

2. 公称直径

公称直径是代表螺纹尺寸的直径，指螺纹大径的公称尺寸。螺纹大径是与外螺纹牙顶或内螺纹牙底相重合的假想圆柱面的直径，用 d（外螺纹）或 D（内螺纹）表示；与外螺纹牙底或内螺纹牙顶相重合的假想圆柱面的直径，称为螺纹的小径，用 d_1（外螺纹）或 D_1（内螺纹）表示，如图 5-37 所示。

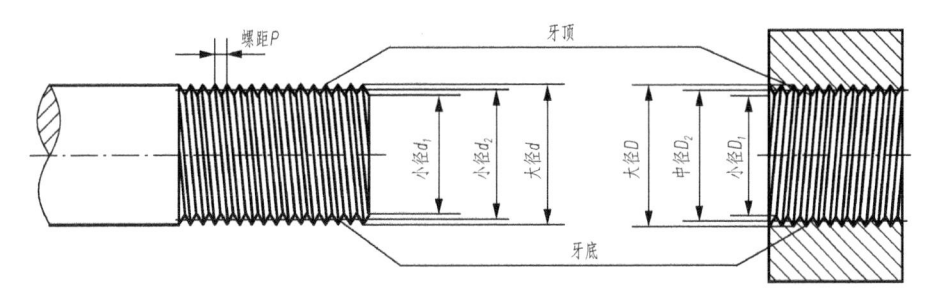

图 5-37　螺纹直径

3. 线数 n

螺纹有单线和多线之分，沿一条螺旋线形成的螺纹为单线螺纹；沿轴向等距分布的两条或两条以上的螺旋线所形成的螺纹为多线螺纹，如图 5-38 所示。

4. 螺距 P 和导程 S

螺纹相邻两牙在中径线上对应

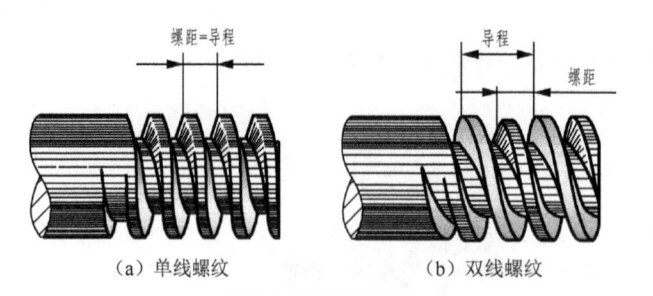

图 5-38 螺纹线数

两点间的距离，称为螺距。同一条螺纹线上的相邻两牙在中径线上对应两点间的轴向距离，称为导程。单线螺纹的导程等于螺距，即 $S=P$，多线螺纹的导程等于线数乘以螺距，即 $S=nP$。

5. 旋向

螺纹分右旋和左旋两种。顺时针旋转时旋入的螺纹，称为右旋螺纹，逆时针旋转时旋入的螺纹，称为左旋螺纹，如图 5-39 所示。工程上常用右旋螺纹。

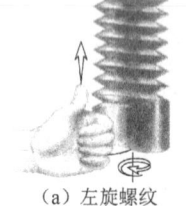

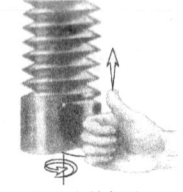

图 5-39 螺纹旋向

5.6.4 螺纹的规定画法

国家标准《机械制图　螺纹及螺纹紧固件表示法》（GB/T 4459.1—1995）规定了在机械图样中螺纹和螺纹紧固件的表示法。

（1）外螺纹螺纹牙顶所在的轮廓线（即大径），画成粗实线；螺纹牙底所在的轮廓线（即小径），画成细实线；在螺杆的倒角或倒圆部分也应画出。小径通常画成大径的 85%，如图 5-40 的主视图所示。在垂直于螺纹轴线的投影面上的视图中，表示牙底的细实线圆只画约 3/4 圈，此时倒角不画，如图 5-40 的左视图所示。

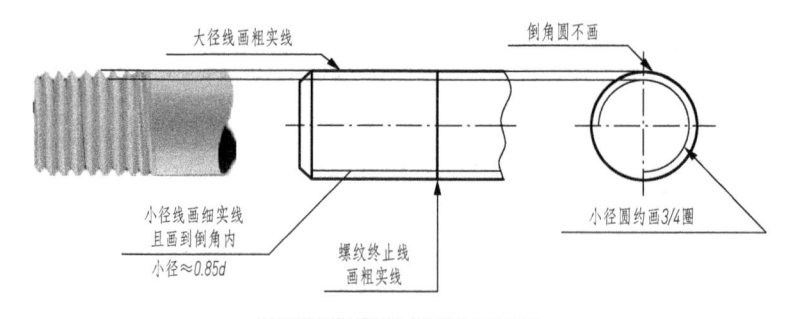

图 5-40 外螺纹的规定画法

（2）内螺纹在剖视图中，螺纹牙顶所在的轮廓线（即小径），画成粗实线；螺纹牙底所在的轮廓线（即大径），画成细实线，如图 5-41 的主视图所示。在不可见的螺纹中，所有图线均按虚线绘制。如图 5-41 的左视图所示，在垂直于螺纹轴线的投影面上的视图中，表示牙底的细实线圆或虚线圆，只画约 3/4 圈，倒角也可省略不画。

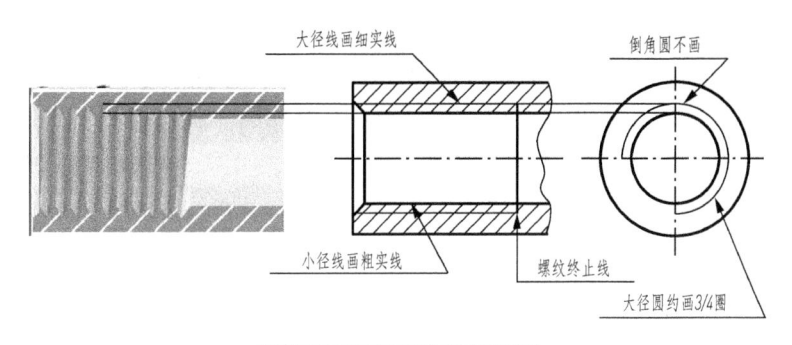

图 5-41 内螺纹的规定画法

（3）了解其他的一些规定画法。完整的螺纹的终止界线（简称螺纹终止线）用粗实线表示，外螺纹终止线如图 5-42 所示，内螺纹终止线如图 5-43 所示。

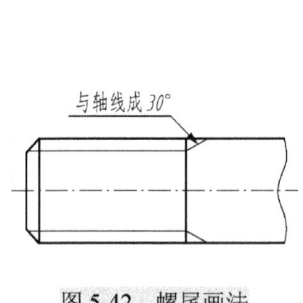

图 5-42 螺尾画法

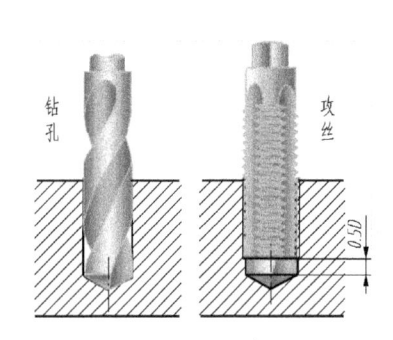

图 5-43 内螺纹的锥角

当需要表示螺纹收尾时，螺尾部分的牙底与轴线成 30°，用细实线绘制，如图 5-42 所示。对于不穿通的螺孔，钻孔深度应比螺孔深度大（0.2～0.5）d。钻头的刃锥角约为 120°，因此钻孔底部以下的圆锥坑的锥角应画成 120°，不要画成 90°，如图 5-43 所示。

5.6.5　螺纹的标注

螺纹按国家标准的规定画法画出后，图上并未标明牙型、公称直径、螺距、线数和旋向等要素，因此，需要用标注代号或标记的方式来说明。

1. 普通螺纹

同一公称直径的普通螺纹，其螺距分为粗牙的以及一种或一种以上的细牙的。因此，在标注细牙螺纹时必须注出螺距，细牙螺纹的螺距比粗牙螺纹的螺距小，所以细牙螺纹多用于细小的精密零件和薄壁零件上。

1）螺纹代号

粗牙普通螺纹的代号用牙型符号"M"及"公称直径"表示，细牙普通螺纹的代号用牙型符号"M"及"公称直径×螺距"表示。当螺纹左旋时，在螺纹代号之后加"左"字。

例如，"M24"表示公称直径为 24mm、右旋的粗牙普通螺纹；"M24×1.5"表示公称直径为 24mm、螺距为 1.5mm、右旋的细牙普通螺纹；"M24×1.5 左"表示公称直径为 24mm、螺距为 15mm、左旋的细牙普通螺纹。

2）螺纹标记

普通螺纹的完整标记由螺纹代号、螺纹公差代号和螺纹旋合长度代号表示。螺纹的公差代号包括中径公差代号和顶径（指外螺纹大径和内螺纹小径）公差代号，小写字母指外螺纹，大写字母指内螺纹。如果中径公差带与顶径公差带代号相同，则只标注一个代号。螺纹公差带按短（S）、中（N）、长（L）3组旋合长度给出了精密、中等、粗糙3种精度，可按国家标准GB/T 197—2003选用。一般情况下，不标注旋合长度，其螺纹公差带按中等旋合长度（N）确定；必要时加注旋合长度代号S或L。螺纹代号、螺纹公差带代号、旋合长度代号之间分别用"-"分开。

例如，"M20×2 左-6H"表示公称直径20mm，螺距为2mm，左旋的细牙普通螺纹（内螺纹），中径和小径公差带皆为6H，旋合长度按中等考虑；"M10-5g6g-S"表示公称直径为10mm、右旋的粗牙普通螺纹（外螺纹），中径公差带为6g，旋合长度属于短的一组。

2. 梯形螺纹

梯形螺纹用来传递双向动力，如机床的丝杠。

1）螺纹代号

梯形螺纹的牙型符号为"Tr"，梯形螺纹的代号由牙型符号和尺寸规格两部分组成。当螺纹为左旋时，需在尺寸规格后加注"LH"。单线螺纹的尺寸规格用"公称直径×螺距"表示；多线螺纹用"公称直径×导程（P螺距）"表示。

例如，"Tr40×7"表示公称直径为40mm、螺距为7mm的单线右旋梯形螺纹。

2）螺纹标记

梯形螺纹的标记由梯形螺纹代号、公差带代号及旋合长度代号组成。梯形螺纹的公差代号只标注中径公差带。梯形螺纹按公称直径和螺距的大小将旋合长度分为中等旋合长度（N）和长旋合长度（L）两组。当旋合长度为N组时，不标注旋合长度代号；当旋合长度为L组时，应将旋合的组别代号L写在公差代号的后面，并用"-"隔开。

例如，"Tr40×7-7H"表示公称直径为40mm、螺距为7mm的单线右旋梯形螺纹（内螺纹），中径公差带代号为7H，中等旋合长度；"Tr×14（P7）LH-8e-L"表示公称直径为40mm、导程为14mm、螺距为7mm的双线左旋梯形螺纹（外螺纹），中径公差为8e，长旋合长度。

5.6.6 螺纹的识读

议一议：观察表5-3中的螺纹图例，说出螺纹代号的含义。

表5-3 螺纹的识读

图例	识读
M40-4h-S	M表示普通螺纹，公称直径为40mm，右旋，粗牙，中径和顶径公差带代号为4h，短旋合长度

续表

图例	识读
M40-6g7g	M 表示普通螺纹，公称直径为 40mm，右旋，粗牙，中径公差带代号为 6g，顶径公差带代号为 7g，长旋合长度
M40×1.5-7H-L	表示内螺纹，细牙普通螺纹，大径为 40mm，螺距为 1.5mm，右旋，中径和顶径的公差带为 7H，长旋合长度
Tr40×14(P7)-5G6H	表示内螺纹，梯形螺纹，大径为 40mm，螺距为 7mm，双线，右旋；中径公差带代号为 5G，顶径公差带代号为 6H

任务解读

图 5-34 所示的螺纹轴的形状如图 5-44 所示。该轴由四部分组成，从左至右依次是 $\phi28$ 圆柱，长度为 7mm；$\phi28\sim\phi24$ 圆台；退刀槽，槽宽为 4mm，槽深为 2mm；外螺纹，大径为 24mm，螺距为 1.5mm，中径和顶径公差带代号为 6g；右端有 1.5×45°倒角。

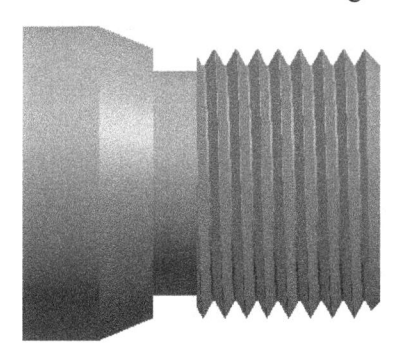

图 5-44 螺纹轴

任务训练

（1）识读如图 5-45 所示的零件图，看看各由几部分组成？各部分形状是怎样的？
（2）识读如图 5-46 所示的零件图，看看各由几部分组成？各部分形状是怎样的？

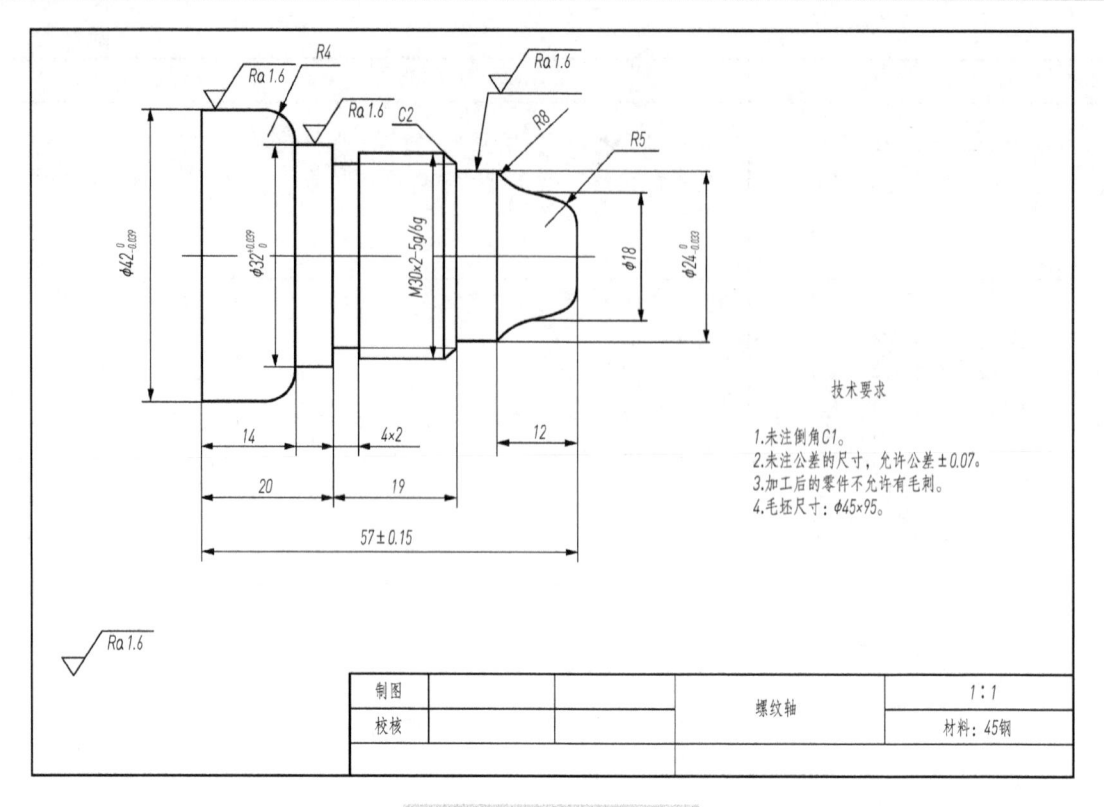

图 5-45　螺纹轴零件图（1）

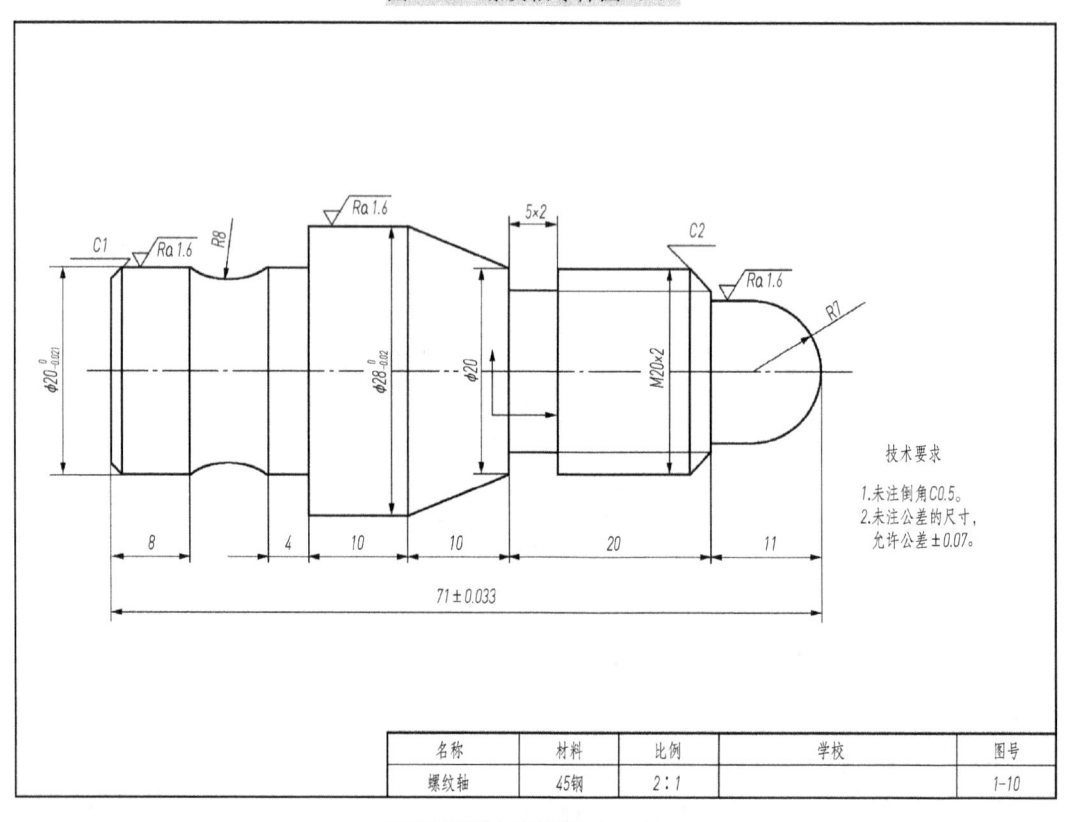

图 5-46　螺纹轴零件图（2）

任务拓展

观察表 5-4，了解螺纹轴的种类和用途。

表 5-4 常用螺纹的特征代号及用途

螺纹种类		特征代号	外形图	用途
连接螺纹	普通螺纹 粗牙	M		是最常用的连接螺纹
	普通螺纹 细牙			用于细小的精密或薄壁零件
	管螺纹	G		用于水管、油管、气管等薄壁管子上，用于管路的连接
传动螺纹	梯形螺纹	Tr		用于各种机床的丝杠，可用于传动
	锯齿形螺纹	B		只能传递单方向的动力

5.7 识读螺纹轴零件图（二）

任务引领

识读如图 5-47 所示的零件图，明确各部分的形状和大小，并能读懂技术要求。

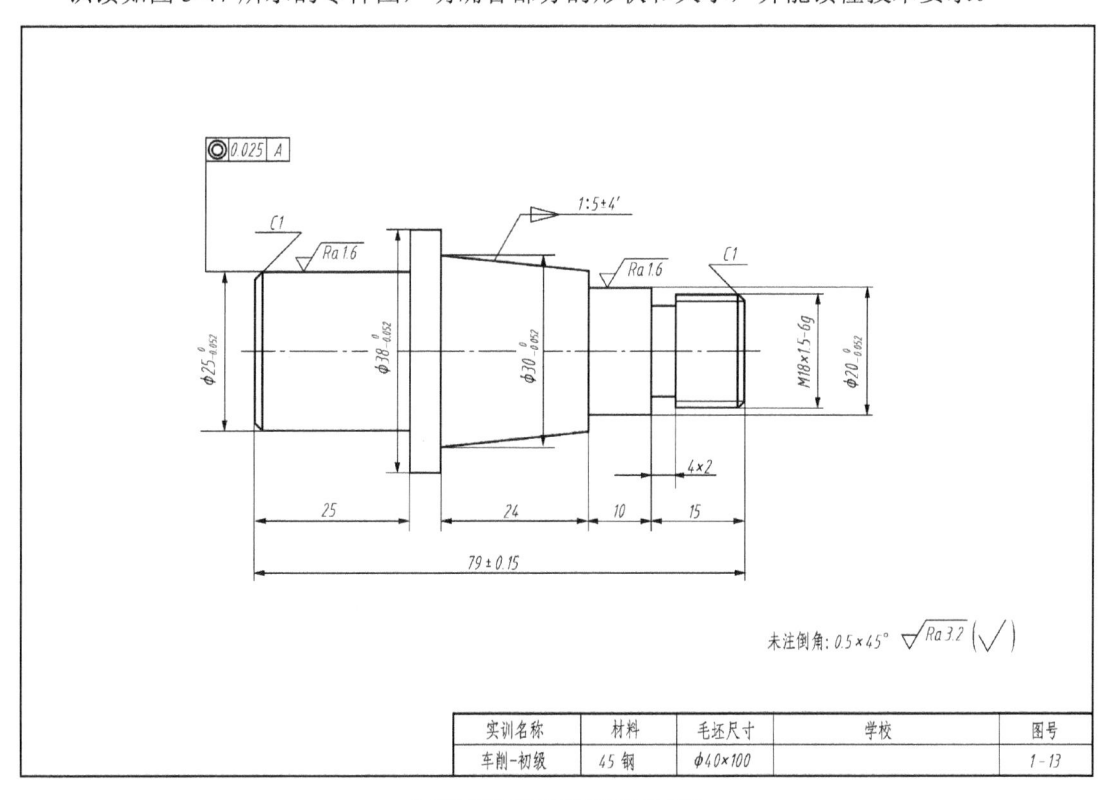

图 5-47 螺纹轴零件图（3）

议一议：
（1）该零件的名称是什么？绘图比例是多少？制造该零件的材料是什么？
（2）该零件由几部分组成？各部分形状是怎样的？
（3）你能指出各部分的直径和长度吗？
（4）图 5-47 中倒角有几处？倒角尺寸是多少？
（5）图 5-47 中尺寸公差有几处？上极限尺寸和下极限尺寸分别是多少？
（6）图 5-47 中表面粗糙度要求有几处？

任务链接

5.7.1 读图步骤

1. 读标题栏

通过读如图 5-47 所示的标题栏可知，该零件的材料为 45#钢，毛坯尺寸为 $\phi 40 \times 100$。

2. 分析视图，想象形状

该零件只有一个视图，结合尺寸标注可知为回转体零件，从外形看，由六部分组成，分别是 $\phi 25$ 圆柱、$\phi 38$ 圆柱、圆台、$\phi 20$ 圆柱、退刀槽和螺纹。

3. 分析尺寸，知道大小

尺寸请同学们自行分析。

4. 分析技术要求，明确加工质量

$\phi 38$ 圆柱和 $\phi 20$ 圆柱表面粗糙度要求为 $Ra1.6$，其余表面为 $Ra3.2$，图中所标注的倒角尺寸为 $1 \times 45°$，未注明的倒角为 $0.5 \times 45°$。

想一想：

◎ 0.025 A 表示什么含义？这是我们在本任务中要重点学习的内容。

5.7.2 形状与位置公差概念

形状与位置公差是指评定机械产品质量的一项重要的基础性技术标准，形状与位置公差又称为形位公差。形状公差包括直线度、平面度、圆度、圆柱度、线轮廓度、面轮廓度六项公差，位置公差包括八项公差，其符号如表 5-5 所示。

表 5-5　形位公差项目符号

分类	项目	符号	分类		项目	符号
形状公差	直线度	—	位置公差	定向	平行度	//
	平面度	▱			垂直度	⊥
	圆度	○			倾斜度	∠
	圆柱度	⌭		定位	同轴度	◎
	线轮廓度	⌒			对称度	=
	面轮廓度	⌓			位置度	⊕
				跳动	圆跳动	↗
					全跳动	↗↗

形状公差是指单一实际要素的形状对其理想要素的形状的允许变动变量。单一实际要素这里是指仅对其本身给出形状公差要求的要素,如一条轴线、一个平面、一个圆柱面、一个球面、一个曲面等。

5.7.3 形位公差的识读

1．公差框格
公差框格的表示如图 5-48 所示。

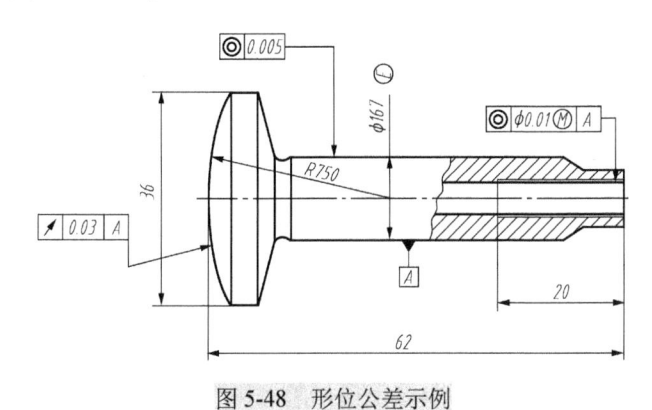

图 5-48　形位公差示例

形位公差框格代号表示如下:

公差框格分成两格或多格用细实线绘制,可以水平绘制,特殊情况可以垂直绘制,框格从左到右的含义如下。

第一格——形位公差符号。

第二格——形位公差数值及其有关的符号。

第三格及以后各格——基准代号字母及其有关符号。

基准目标的代号用细实线绘制的圆圈表示,圆圈分上、下两部分,上部分写给定的局部表面尺寸(直线或边长×边长),下半部分写基准代号的字母和基准目标序号。

2．被测要素的标注方法
被测要素由带箭头的指引线与公差框格的一端(左端或右端)相连。指引线用细实线绘制,其箭头应指向公差带的宽度方向或直径,并按下列方法与被测要素相连。

1）被测要素为线或表面

指引线的箭头应指在该要素的轮廓线或其引出线上,并应明显地与尺寸线错开,如图 5-49 所示。

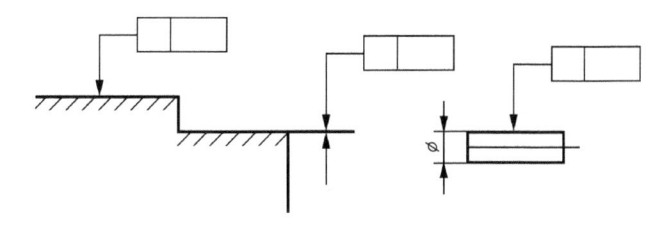

图 5-49　指引线与尺寸线错开

2）被测要素为轴线、球心或中心线等中心要素

指引线应与该要素的轮廓要素的尺寸线对齐，如图5-50所示。

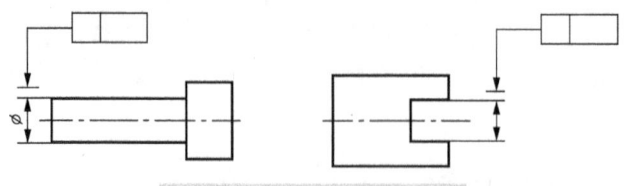

图5-50　指引线与尺寸线对齐

被测要素为单一要素的轴线或各要素的公共轴线、公共中心平面指引线的箭头可以直接指在轴线或中心线上，如图5-51所示。

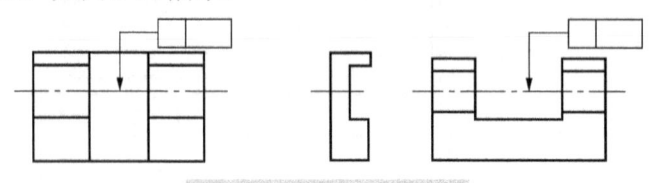

图5-51　指引线直指中心线

3. 基准要素的标注方法

基准要素由带基准符号的连线与公差框格的另一端相连，基准符号的连线必须与基准要素垂直，并按下列方法相连。

1）基准要素为线或表面

基准符号应靠近该要素的轮廓线或其引出线上，并应明显地与尺寸线错开。

2）基准要素为轴线、球心或中心线等中心要素

基准符号的连线应与该要素的轮廓要素的尺寸线对齐，如图5-52中的基准代号 A、B、F，这3处基准符号的连线均与尺寸线对齐。

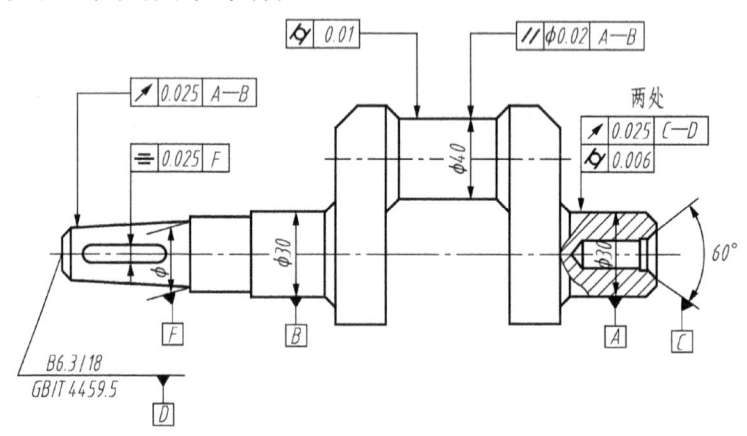

图5-52　轴类零件图

4. 形状和位置公差的识读

下面以图5-52为例说明形状和位置公差的识读方法。

⌭ 0.01 表示φ40的外圆柱面的圆柱度公差为0.01mm。

↗ 0.025 C—D 表示φ30的外圆表面对公共基准线 C—D 的径向圆跳动公差为0.025；圆柱度公差为0.006。

⌀ 0.025 F 表示键槽中心平面对基准F（左端圆台部分的轴线）的对称度公差为0.025。

∥ 0.02 A—B 表示φ40的轴线对公共基准线A—B的平行度公差为0.02。

从上例可以看出，凡是方框由两格组成，为形状公差；而方框由三格组成，为位置公差，第三格方框表示位置公差的基准。

标注及识读应注意以下几点。

（1）被测要素看箭头（箭头所指为被测要素）。

（2）基准要素找方框（方框样的符号所指要素为基准要素）。

（3）错开尺寸指表面（箭头或基准符号与尺寸线不对齐，则被测要素、基准要素为表面要素）。

（4）对齐尺寸指中心（箭头或基准符号与尺寸线对齐，则被测要素、基准要素为尺寸确定几何体的中心线或对称平面）。

任务解读

轴的形状如图5-53所示。零件图中 ◎ 0.025 A 表示被测要素为φ25圆柱的轴线，基准要素为φ20圆柱的轴线，公差项目为同轴度，公差数值为0.025mm。圆台的锥度为1∶5，D=30mm，L=24mm，可求得d=25.2mm。

任务训练

识读如图5-54所示的形状和位置公差。

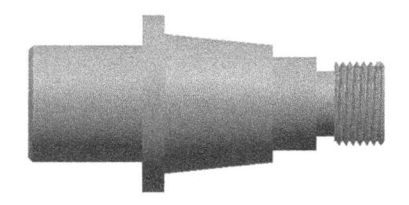

图5-53 轴

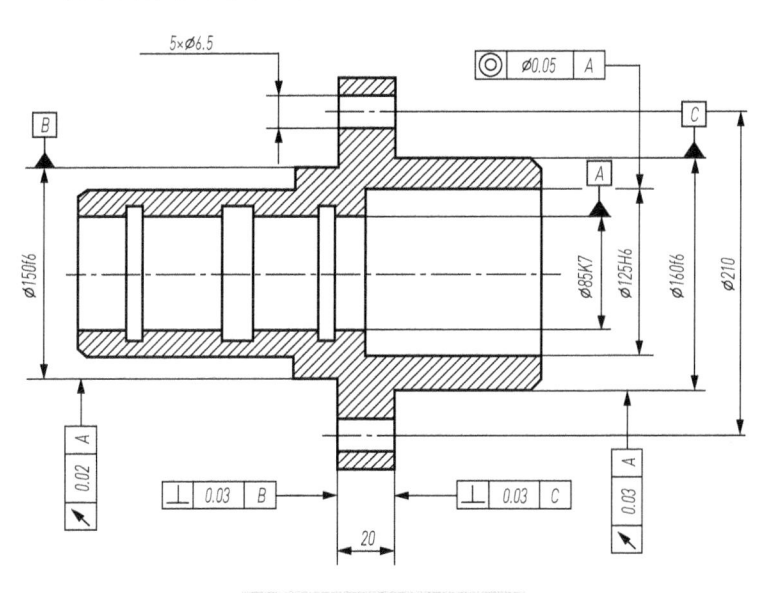

图5-54 形位公差标注示例

任务拓展

根据文字描述在图中注出形位公差。

（1）如图5-55所示的缺口四棱柱上表面的平面度公差为0.05。

（2）如图5-56所示的φ16孔轴线对底面的平行度公差为0.04。

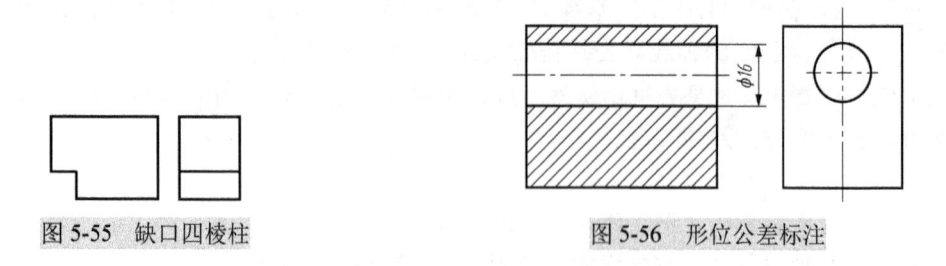

图 5-55 缺口四棱柱　　　　　　　　图 5-56 形位公差标注

5.8　识读传动轴零件图

任务引领

看懂图 5-57 所示的零件图，明确各部分的形状和大小。

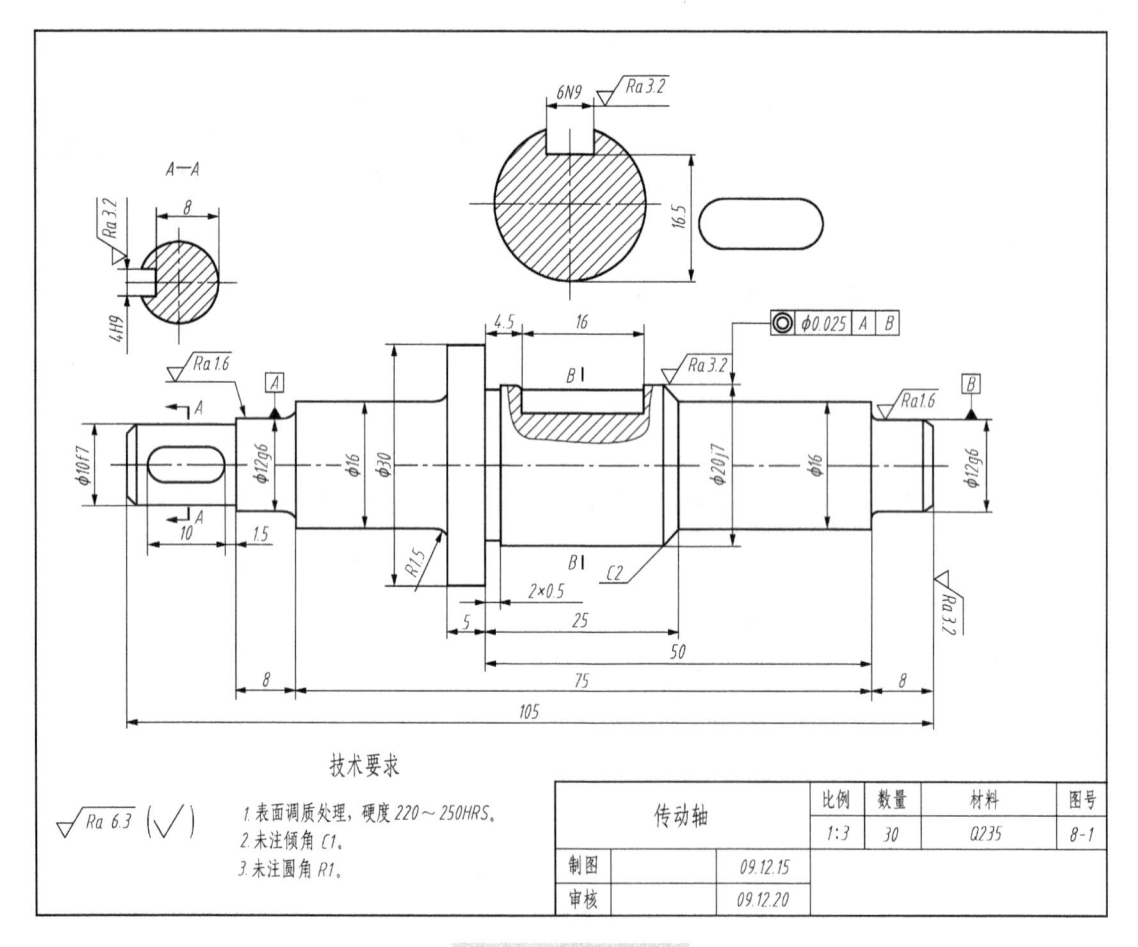

技术要求
1. 表面调质处理，硬度 220~250HRS。
2. 未注倒角 C1。
3. 未注圆角 R1。

传动轴	比例	数量	材料	图号
	1:3	30	Q235	8-1
制图			09.12.15	
审核			09.12.20	

图 5-57 传动轴零件图

议一议：

（1）如图 5-57 所示零件的名称是什么？绘图比例是多少？制造该零件的材料是什么？

（2）表达该零件的图形有几个？你能想出该零件的形状吗？

（3）图 5-57 中倒角有几处？倒角尺寸是多少？
（4）图 5-57 中尺寸公差有几处？上极限尺寸和下极限尺寸分别是多少？
（5）图 5-57 中所标注的表面粗糙度参数分别是多少？要求较高的是哪段？

任务解读

如图 5-57 所示的零件图中共有 4 个图形，主视图采用了局部剖的表达方式，另外还采用了两个移出断面图和一个局部视图，从图中可以看出，轴上共有两处键槽，$\phi 10$ 圆柱上键槽槽宽 4P9，键槽长度为 10mm，$\phi 20$ 圆柱上键槽槽宽 6N9，键槽长度为 16mm。

任务拓展

观察如图 5-58 所示的零件图，与同学们交流泵轴的形状。

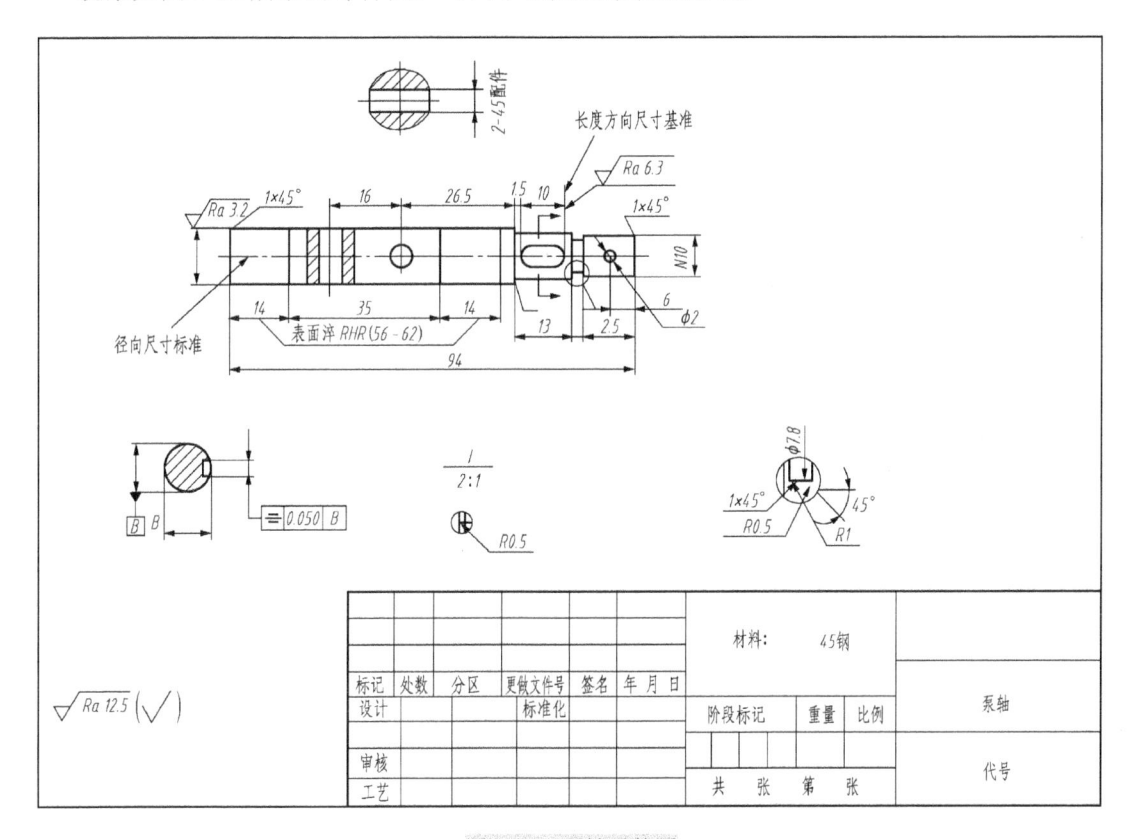

图 5-58 泵轴零件图

该泵轴属于轴套类零件，轴套类零件基本上是同轴回转体，因此采用一个基本视图加上一系列直径尺寸，就能表达它的主要形状。对于轴上的销孔、键槽等，可采用移出断面图，既能表达它们的形状，也便于标注尺寸。对于轴上的局部结构，如砂轮越程槽、螺纹退刀槽等，可采用局部放大图表达。在标注轴套类零件的尺寸时，常以水平位置的轴线作为径向尺寸基准（也是高度与宽度方向的尺寸基准）。这样就把设计上的要求和加工时的工艺基准统一起来（轴套类零件在加工时，两端用顶针顶住轴的中心孔）。轴套类零件长度方向的尺寸基准，常选用重要的端面、接触面（轴肩）或加工面等。

5.9　识读凸台零件图

任务引领

看懂如图 5-59 所示的圆角凸台零件图，明确各部分的形状和大小。

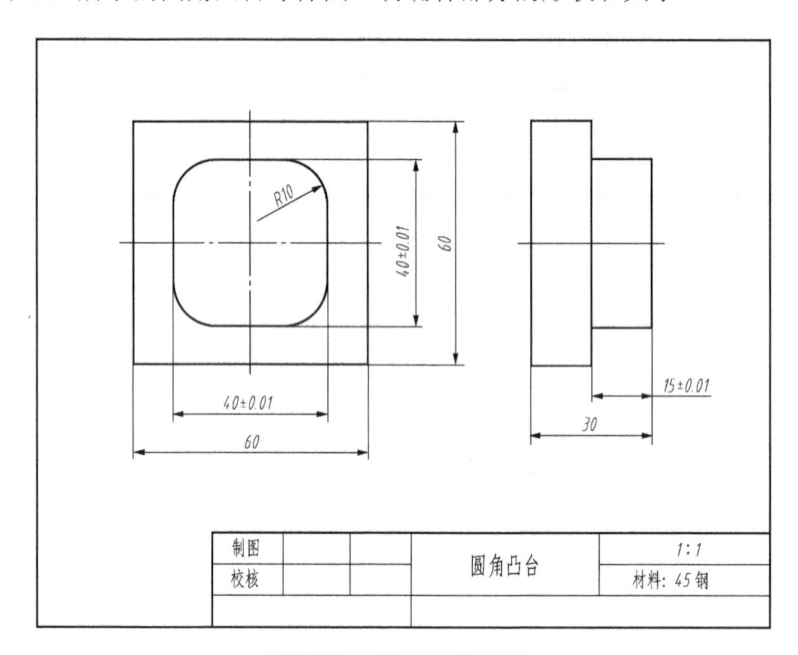

图 5-59　圆角凸台零件图

议一议：根据已有的知识，与同学们讨论交流读图的方法。

任务解读

1. 读标题栏

如图 5-59 所示，该零件的名称为圆角凸台，材料为 45 钢，比例是 1∶1。

2. 分析视图，想象形状

表达该零件的图形有两个，即主、左视图，从图 5-59 中可知，该形体由两个长方体叠加而成，小长方体在前，大长方体在后。

3. 分析尺寸，知道大小

图中尺寸基准有三个，长度方向尺寸基准为左右的对称平面，宽度方向尺寸基准为最前的表面，高度方向尺寸基准为上下的对称平面。分析尺寸可知，前面小长方体的边长为 40mm，厚度为 15mm，圆角半径为 10mm；后面大长方体的边长为 60mm，厚度也是 15mm。

4. 分析技术要求，明确加工质量

尺寸公差有三处，在加工时要保证质量，将尺寸控制在公差允许的范围之内。

任务训练

（1）看懂如图 5-60 所示的凸台零件图，明确各部分的形状和大小。

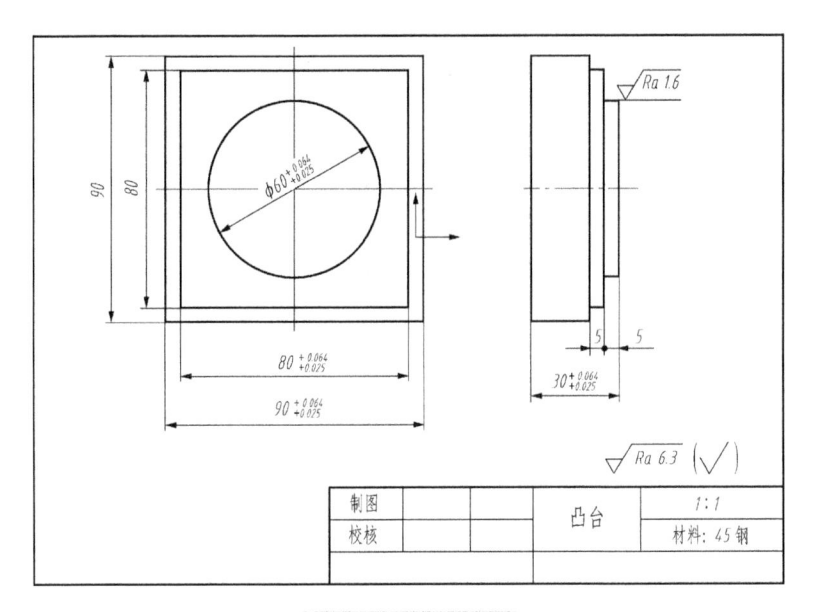

图 5-60 凸台零件图

（2）看懂如图 5-61 所示的凸模零件图，明确各部分的形状和大小。

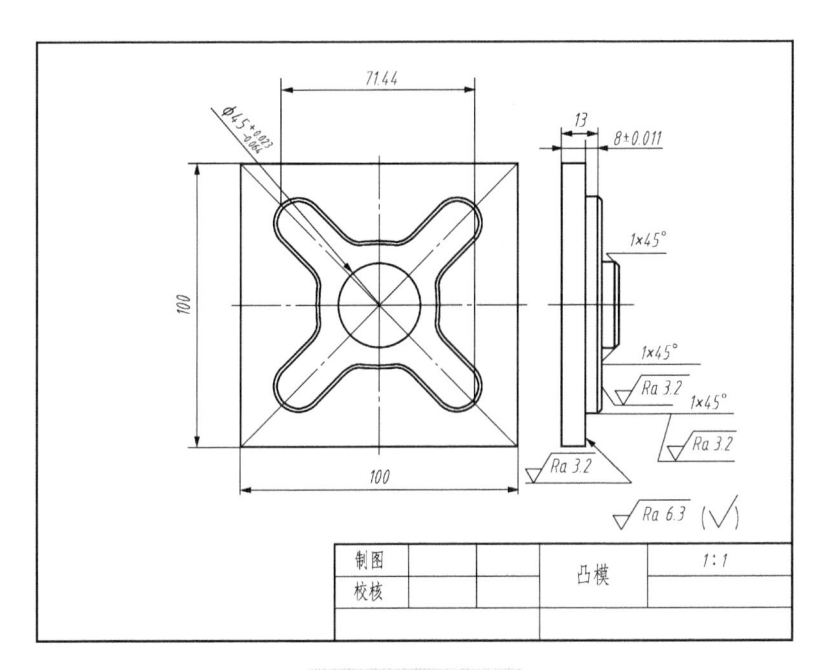

图 5-61 凸模零件图

任务拓展

尝试读懂图 5-62 所示的 U 形台零件图，明确各部分的形状和大小。

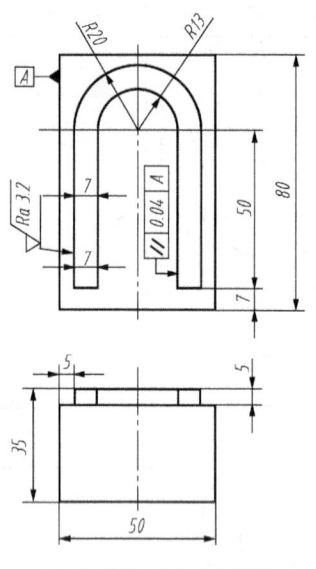

图 5-62　U 形台零件图

5.10　识读阀盖零件图

任务引领

看懂图 5-63 所示的零件图，明确各部分的形状和大小。

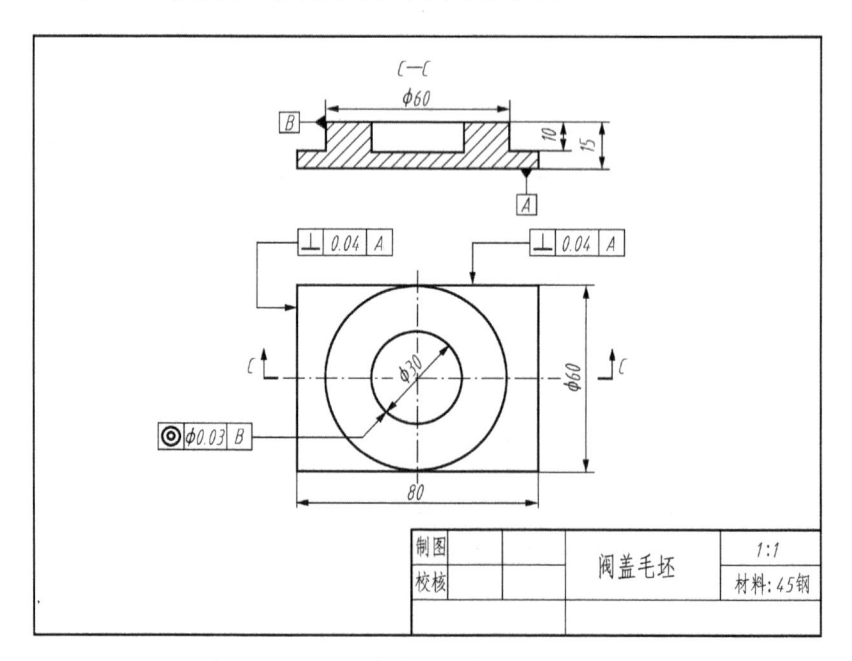

图 5-63　阀盖毛坯

议一议：根据已有的知识，与同学们讨论交流读图的方法。

任务解读

1. 读标题栏

如图 5-63 所示，该零件的名称为阀盖毛坯，材料为 45 钢，比例是 1∶1。

2. 分析视图，想象形状

表达该零件的图形有两个，即全剖的主视图和俯视图。从图中可知，该零件由两部分组成，底下是长方体，上面是 ϕ60mm 的圆柱，在与圆柱同轴的位置，挖了 ϕ30mm 的圆孔。

3. 分析尺寸，知道大小

图 5-63 中尺寸基准有三个，长度方向尺寸基准为左右的对称平面，宽度方向尺寸基准为前后的对称平面，高度方向尺寸基准为上表面。长方体的长宽高尺寸分别是 80mm、60mm、5mm，圆柱的高度为 10mm，孔深也是 10mm。

4. 分析技术要求，明确加工质量

图中形位公差有三处，在加工时要保证质量，将尺寸控制在公差允许的范围之内。

| ⊥ | 0.04 | A | 表示长方体的左端面和后端面相对于底面的垂直度公差为 0.04mm。

| ◎ | ϕ0.03 | B | 表示 ϕ30mm 的圆孔的轴线相对于 ϕ60mm 的圆柱轴线的同轴度公差为 0.03mm。

任务训练

（1）看懂图 5-64 所示的密封垫零件图，明确各部分的形状和大小。

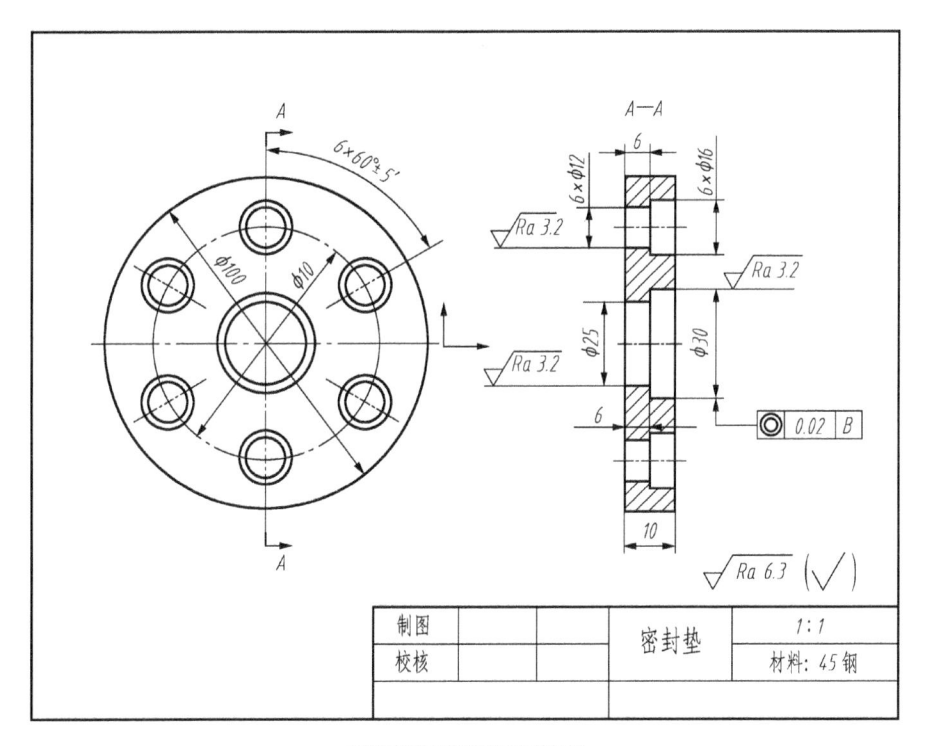

图 5-64 密封垫零件图

(2) 看懂如图 5-65 所示的零件图，明确各部分的形状和大小。

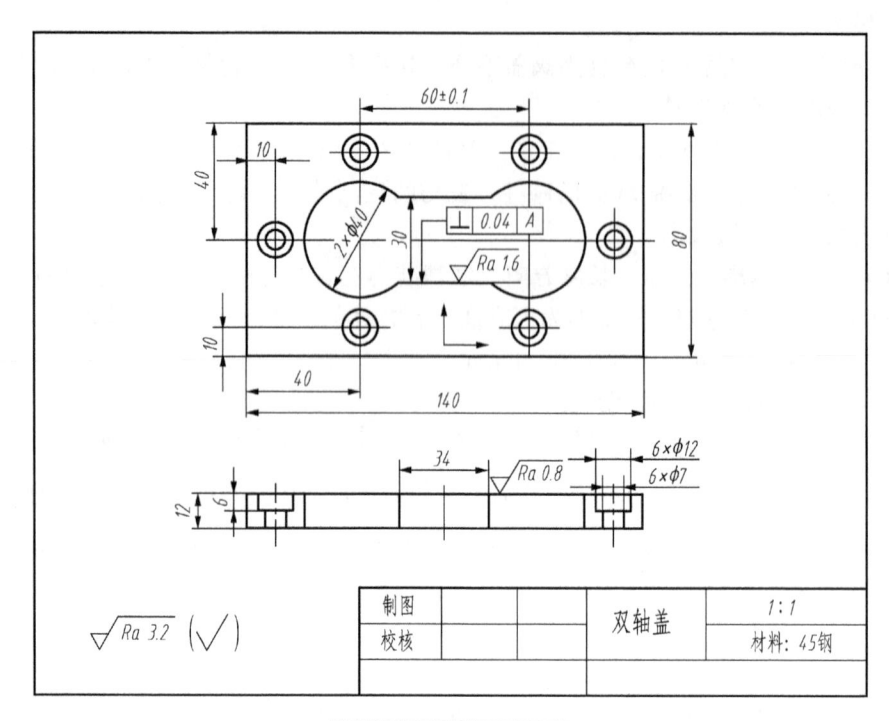

图 5-65 双轴盖零件图

任务拓展

本节中的零件图都是假想一个剖切平面剖切得到的，像这样的剖视图，我们可以称为单一剖视图。所谓单一剖视图，即用一个剖切平面剖开机件所画出的剖视图。单一剖切平面一般为平行于基本投影面的剖切平面。前面在学习的全剖视图、半剖视图、局部剖视图均为用单一剖切平面剖切而得到的。图 5-63 所示的零件图采用的是主视图的单一剖视图，目的是表达 $\phi 30$ 圆孔；任务训练（1）中采用的是左视图的单一剖视图，目的是表达中间的阶梯孔和六个均布孔，任务训练（2）中采用的是主视图的单一剖视图，目的是表达中间的内部结构和六个阶梯孔。零件图的形状想出之后，各部分的尺寸可由图中读出，关键在于技术要求的识读。

5.11　识读冲模零件图

任务引领

看懂如图 5-66 所示的零件图，明确各部分的形状和大小。

任务链接

图 5-67 所示的零件图中的主视图属于阶梯剖视图。所谓阶梯剖视图，即用两个或多个互相平行的剖切平面把机件剖开所画出的剖视图。它适用于表达机件内部结构的中心线排列在两个或多个互相平行的平面内的情况。

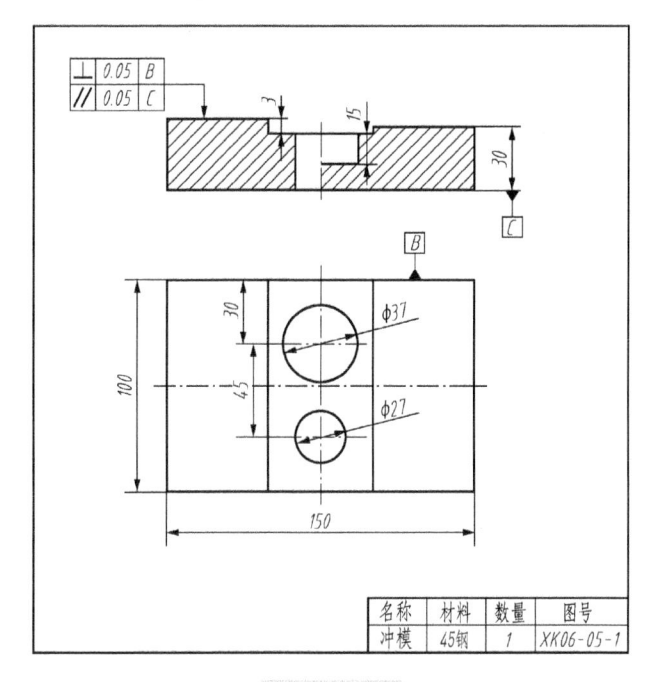

图 5-66 冲模

如图 5-67 所示，内部结构的中心位于两个平行的平面内，不能用单一剖切平面剖开，而是采用两个互相平行的剖切平面将其剖开，主视图即采用阶梯剖方法得到的全剖视图。

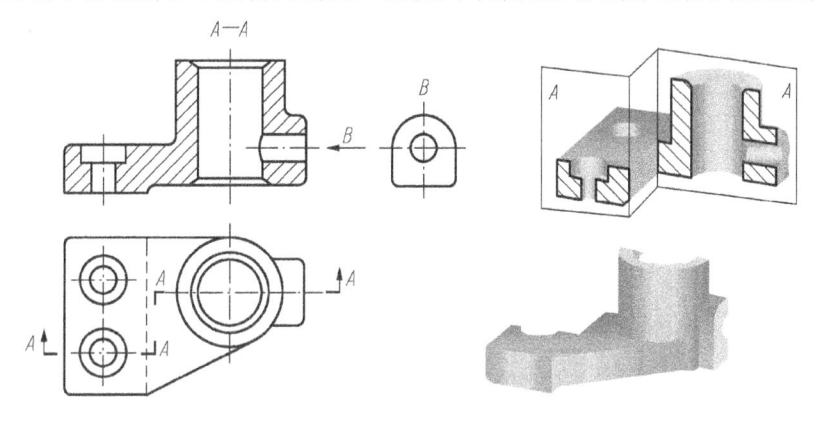

图 5-67 阶梯剖视图

标注时，在剖切平面迹线的起始、转折和终止的地方，用剖切符号（即粗短线）表示它的位置，并写上相同的字母；在剖切符号两端用箭头表示投影方向（如果剖视图按投影关系配置，中间又无其他图形隔开，则可省略箭头）；在剖视图上方用相同的字母标出名称"×—×"。

任务解读

1. 读标题栏
图 5-66 中零件的名称为冲模，材料为 45 钢，比例是 1∶1。

2. 分析视图，想象形状
表达该零件的图形有两个，即主视图和俯视图，主视图采用阶梯剖视图，从图中可以看出：冲模的主体部分是长方体，上方前后开槽，在槽的底面上一前一后钻了两个圆孔。

3. 分析尺寸，知道大小

图中尺寸基准有三个，长度方向尺寸基准为左右的对称平面，宽度方向尺寸基准为后端面，高度方向尺寸基准为上表面。长方体的长宽高尺寸分别是：150mm、100mm、30mm；长方体上面是通槽，槽深 3mm；两圆孔直径分别是φ27mm 和φ37mm，φ27 圆孔为通孔，φ37 圆孔深度为 15mm。

4. 分析技术要求，明确加工质量

| 0.05 | B | 表示长方体的上表面相对于后表面的垂直度公差为 0.05mm。

// | 0.05 | C | 表示长方体的上表面相对于下底面的平行度公差为 0.04mm。

任务训练

（1）看懂如图 5-68 所示的零件图，明确各部分的形状和大小。

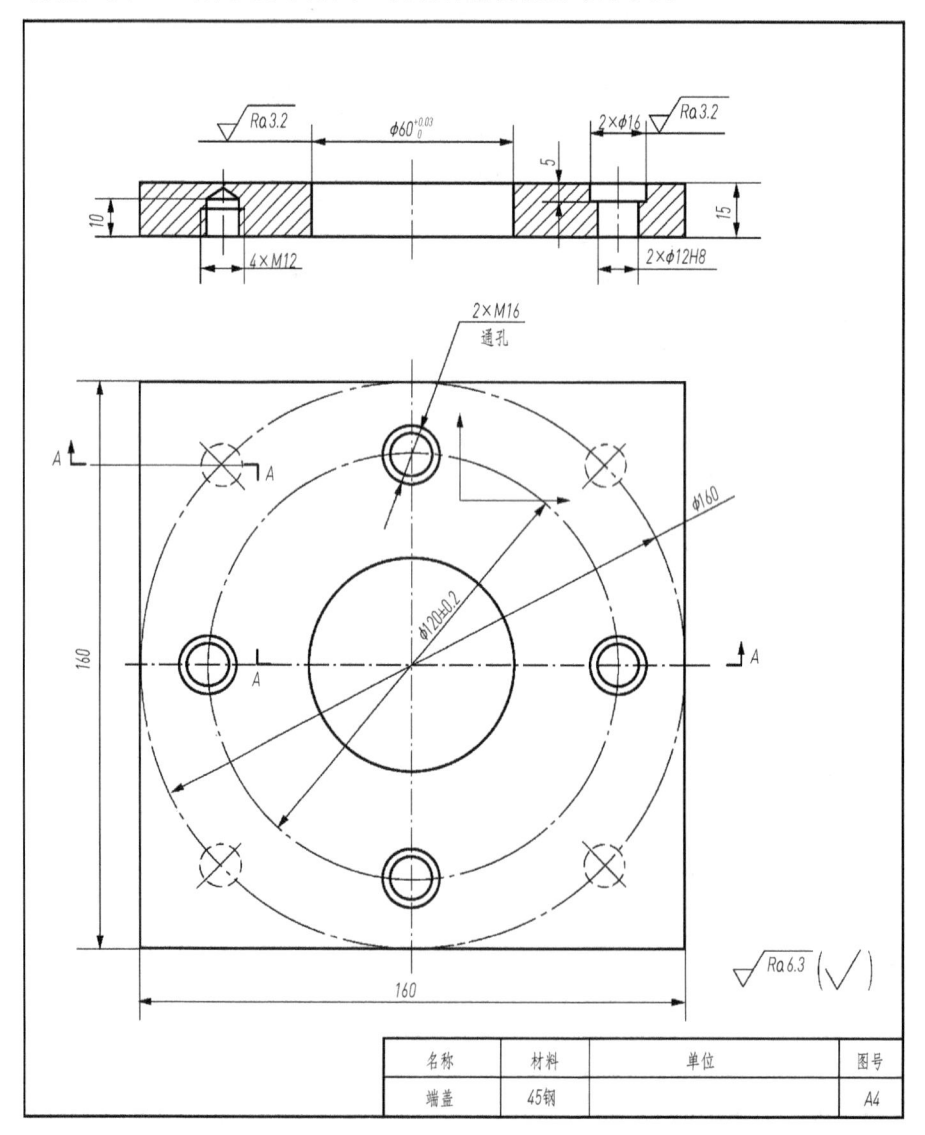

图 5-68 端盖零件图

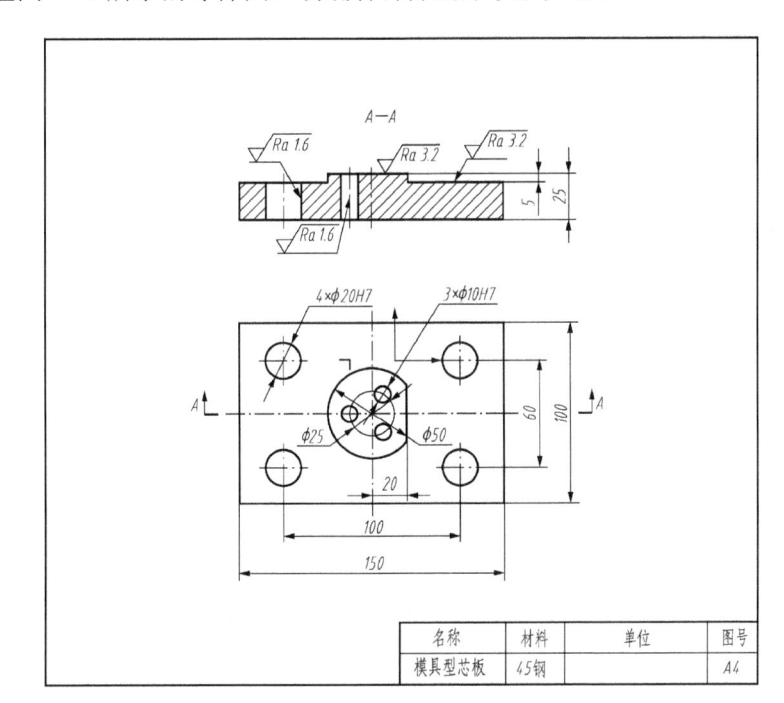

（2）看懂图 5-69 所示的零件图，明确各部分的形状和大小。

图 5-69 模具型芯板零件图

任务拓展

图 5-66 所示的零件图采用阶梯剖视图，目的是要表达冲模上方的凹槽和 $\phi 27$、$\phi 37$ 圆孔；图 5-68 所示的零件图采用阶梯剖视图的目的是要表达 $4\times M12$ 螺纹孔、$\phi 60$ 圆孔和 $\phi 16\sim\phi 12$ 的阶梯孔；任务训练（2）中采用阶梯剖视图，目的是要表达 $4\times\phi 20$ 圆孔和 $3\times\phi 10$ 圆孔。零件图的形状想出之后，各部分的尺寸可由图中读出，关键在于技术要求的识读。

5.12 识读缸盖零件图

任务引领

看懂图 5-70 所示的零件图，明确各部分的形状和大小。

任务链接

图 5-70 所示的零件图属于旋转剖视图。所谓旋转剖视图，即用两个相交的剖切平面（交线垂直于某一基本投影面）剖开机件所画出的图形。

如图 5-71 所示的法兰盘，其中间的大圆孔和均匀分布在四周的小圆孔都需要剖开表示，如果用相交于法兰盘轴线的侧平面和正垂面去剖切，并将位于正垂面上的剖切面绕轴线旋转到和侧面平行的位置，这样画出的剖视图就是旋转剖视图。可见，旋转剖适用于有回转轴线的机件，而轴线恰好是两剖切平面的交线，并且两剖切平面一个为投影面平行面，另一个为投影面垂直面。

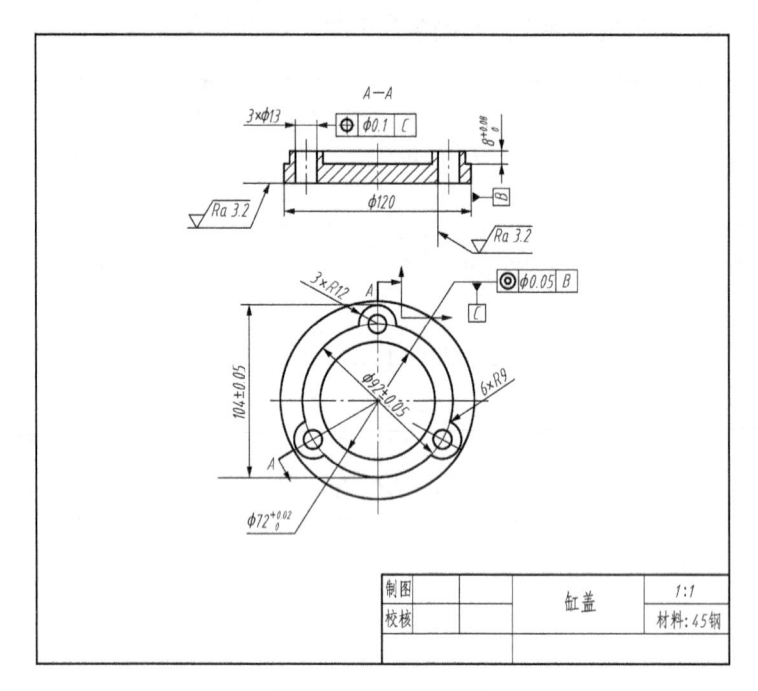

图 5-70 缸盖零件图

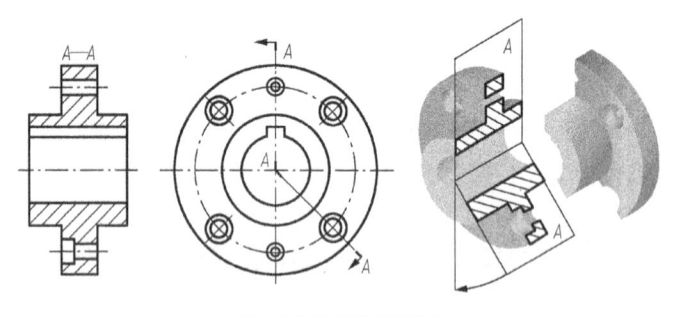

图 5-71 旋转剖视图

旋转剖适用于机件的内部结构形状用一个剖切平面剖切不能表达完全，且机件又具有回转轴的场合。

任务解读

图 5-70 所示的零件图采用两个相交的剖切平面将机件剖开，目的是要表达 3×ϕ13 的圆孔和 ϕ72 的不通孔。从图中可以看出，缸盖由两部分组成，底下是直径为 120mm、高为 12mm 的圆盘，上面是直径为 92mm、高为 8mm 的圆凸台，凸台上均匀地分布着三个 ϕ13mm 的圆孔，与圆孔同轴的位置有三个 R12 的半圆形突起。

图中尺寸公差有四处，在加工时要保证质量，将尺寸控制在公差允许的范围之内。

◎ ϕ0.05 B 表示 ϕ92 圆柱和 ϕ72 圆柱的轴线相对于 ϕ120mm 的圆柱的轴线的同轴度公差为 0.05mm。

⌖ ϕ0.1 C 表示 3×ϕ13 圆孔的轴线相对于 ϕ72 圆柱轴线的位置公差为 0.1mm。

任务训练

根据如图 5-72 所示的两视图，你能想出形体的形状吗？

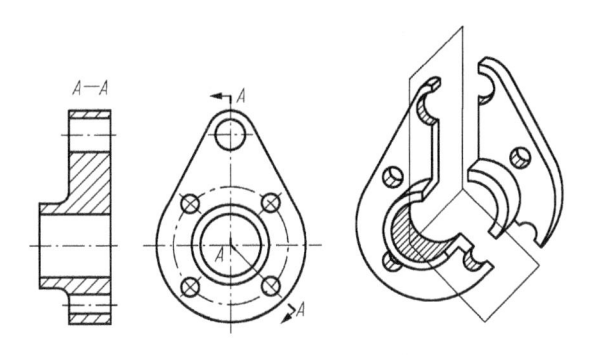

图 5-72 旋转剖示例（1）

任务拓展

请尝试识读图 5-73 所示的旋转剖视图。

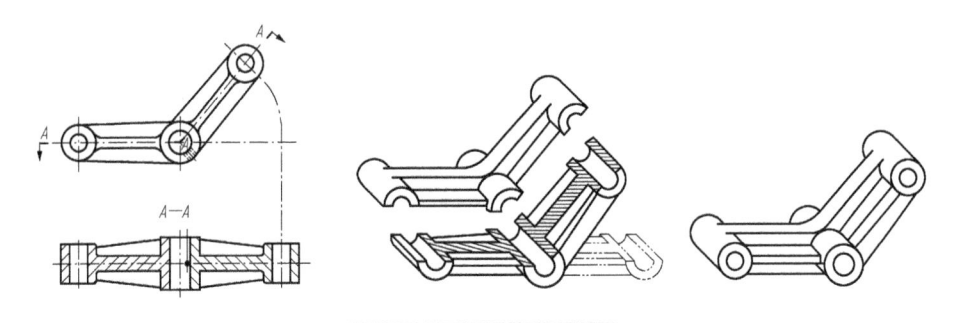

图 5-73 旋转剖示例（2）

5.13 识读盖板零件图

任务引领

看懂如图 5-74 所示的零件图，明确各部分的形状和大小。

任务解读

1. **读标题栏**

图 5-74 所示的零件的名称为盖板，材料为 45 钢。

2. **分析视图，想象形状**

表达该零件的图形有两个，即主、俯视图，其中主视图采用全剖视图的表达方式，从图中可知，盖板的主体部分为长 100mm、宽 80mm、高 35mm 的长方体，上面加工了长 70mm、宽 50mm、深 5mm 的凹槽，又在凹槽上面加工了环形槽。

3. **分析尺寸，知道大小**

图中尺寸基准有三个，长度方向尺寸基准为左右的对称平面，宽度方向尺寸基准为前后的对称平面，高度方向尺寸基准为上表面。环形槽形状不规则，轮廓既有圆弧又有直线，圆弧部分外径为$\phi 40$，内径为$\phi 28$，外圆角为$R11$，内圆角为$R5$。

4. 分析技术要求，明确加工质量

图中尺寸公差有四处，在加工时要保证质量，将尺寸控制在公差允许的范围之内。表面粗糙度要求有三种，环形槽内表面要求最高，为$Ra1.6$；其次是长方形凹槽的内表面，为$Ra3.2$；其余表面粗糙度要求为$Ra6.3$。

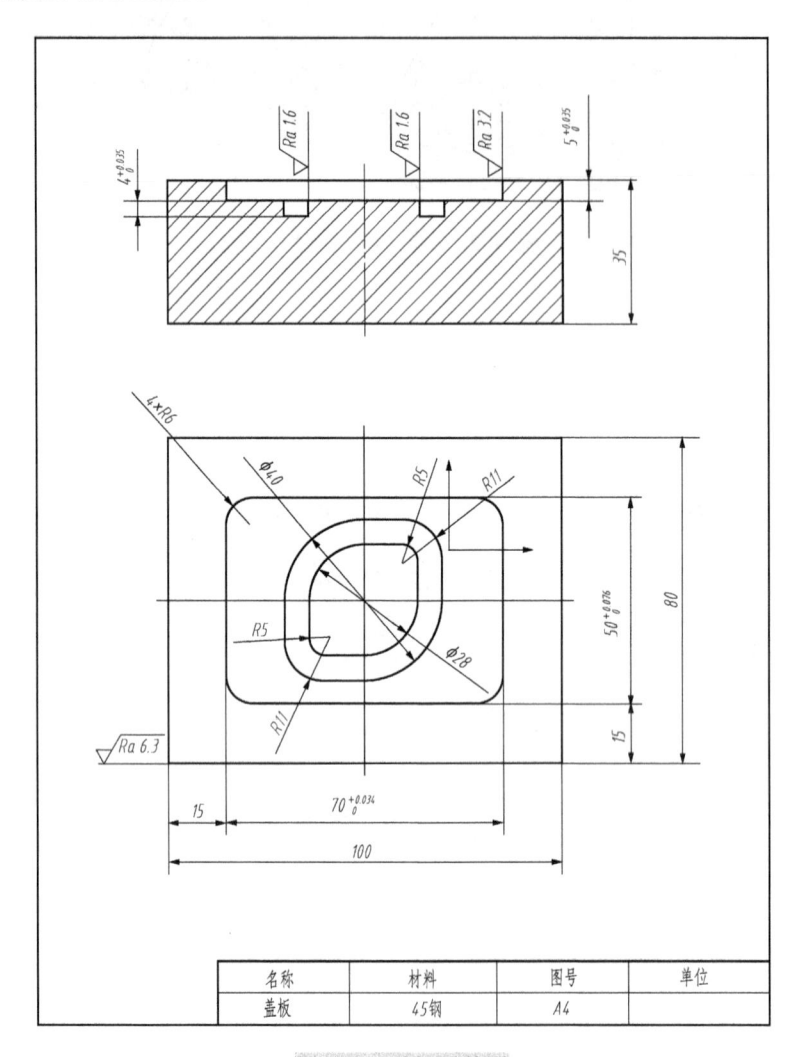

图 5-74 盖板零件图

任务训练

看懂如图 5-75 所示的零件图，明确各部分的形状和大小。

任务拓展

表达腔槽类零件一般需要两个视图，常用主俯或主左视图，零件上常见的腔槽结构有矩形腔、环形槽、十字凹块、键槽、弧形槽、沟槽等，表达这些腔槽时常采用全剖视图来表达。

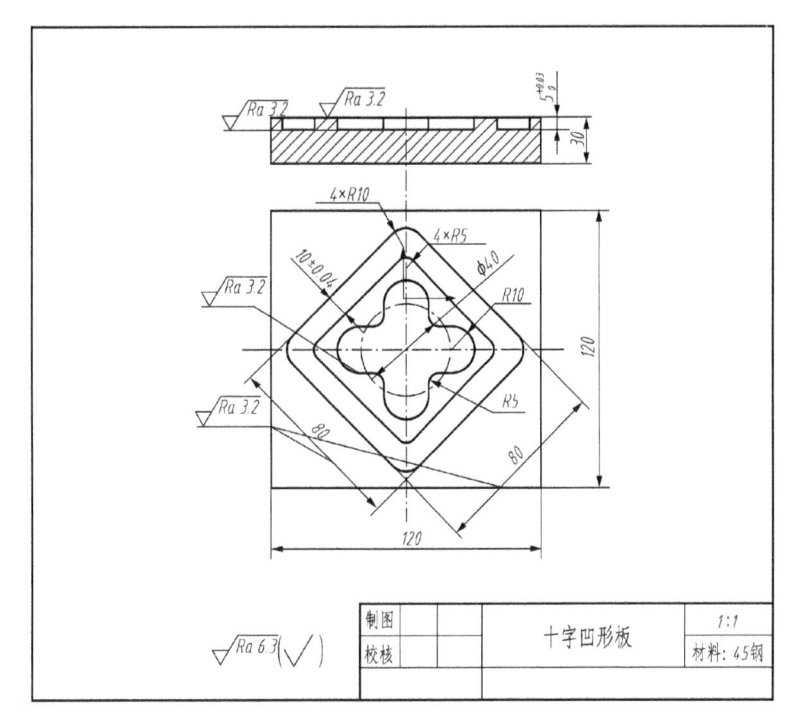

图 5-75 十字凹形板零件图

5.14 识读法向轮零件图

任务引领

看懂如图 5-76 所示的零件图,明确各部分的形状和大小。

任务解读

1. 读标题栏

图 5-76 所示零件的名称为法向轮,材料为 45 钢。

2. 分析视图,想象形状

表达该零件的图形有两个,即主、俯视图,其中主视图采用全剖视图的表达方式。从图中可知,零件由两部分组成,底下是长方体,上面是法向轮,法向轮的轮廓形状比较复杂,但俯视图可以反映实形。

3. 分析尺寸,知道大小

图 5-76 中尺寸基准有三个,长度方向尺寸基准为左右的对称平面,宽度方向尺寸基准为前后的对称平面,高度方向尺寸基准为上表面。长方体的长宽高尺寸分别是 125mm、125mm、35mm,法向轮的最外轮廓直径为 ϕ96mm,凹弧半径为 39mm,凹槽宽度为 14mm,法向轮高度为 6mm。

4. 分析技术要求,明确加工质量

图 5-76 中尺寸公差有两处,表面粗糙度要求有三处,法向轮凹槽侧面和凹弧面的粗糙度为 Ra1.6,其余表面粗糙度要求为 Ra3.2。

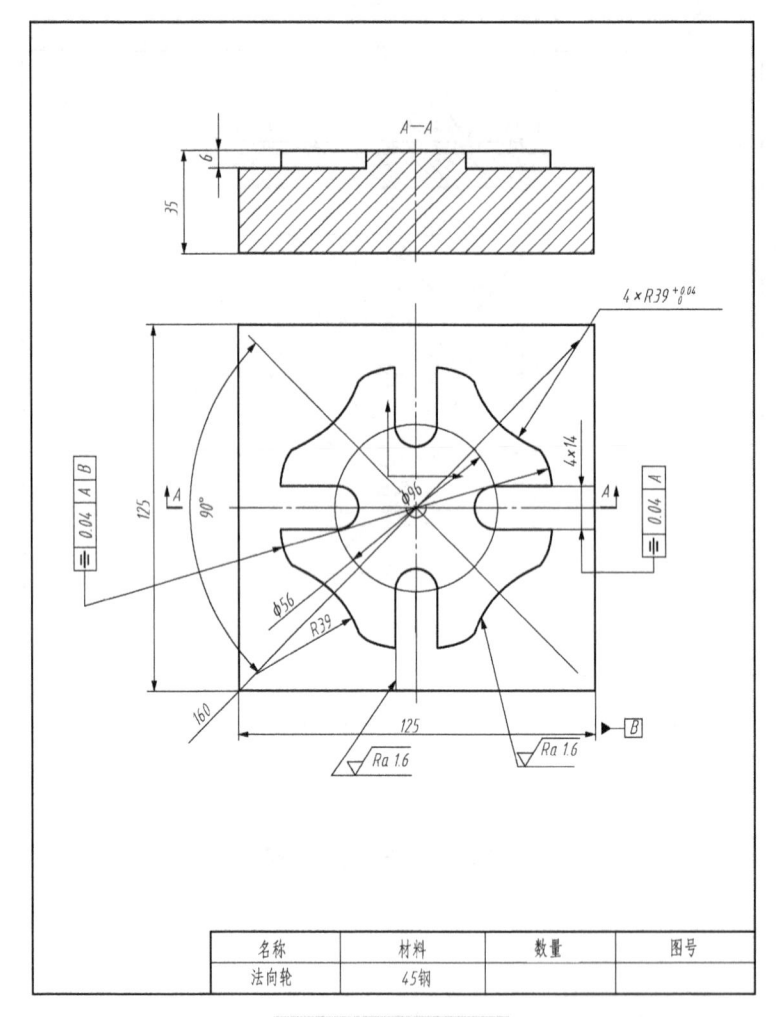

图 5-76 法向轮零件图

⌯ 0.04 A B 表示 ϕ96 的圆弧相对于长方体的左右对称面和前后对称面的对称度公差为 0.04mm。

⌯ 0.04 A 表示法向轮左右凹槽的两侧面相对于长方体前后的对称平面的对称度公差为 0.04mm。

任务训练

如图 5-77 所示，看懂零件图，明确各部分的形状和大小。

任务拓展

表达复杂轮廓零件图一般需要两个视图，常用主俯视图来表达，俯视图反映复杂轮廓的实形，主视图采用全剖视表达内部形状。只要读图时认真仔细，掌握读图要领，复杂轮廓的零件图也不难读懂。对于零件图中的形位公差尤其要读懂，这关系到零件的加工精度。

◎ ϕ0.05 C 表示 ϕ40 孔的轴线相对于 ϕ20 孔的同轴度公差为 0.05mm。

⌯ 0.1 D 表示多型板的左右侧面相对于圆盘左右对称平面的对称度公差为 0.1mm。

⌯ 0.1 B 表示 ϕ40 孔的轴线相对于 ϕ20 孔的同轴度公差为 0.05mm。

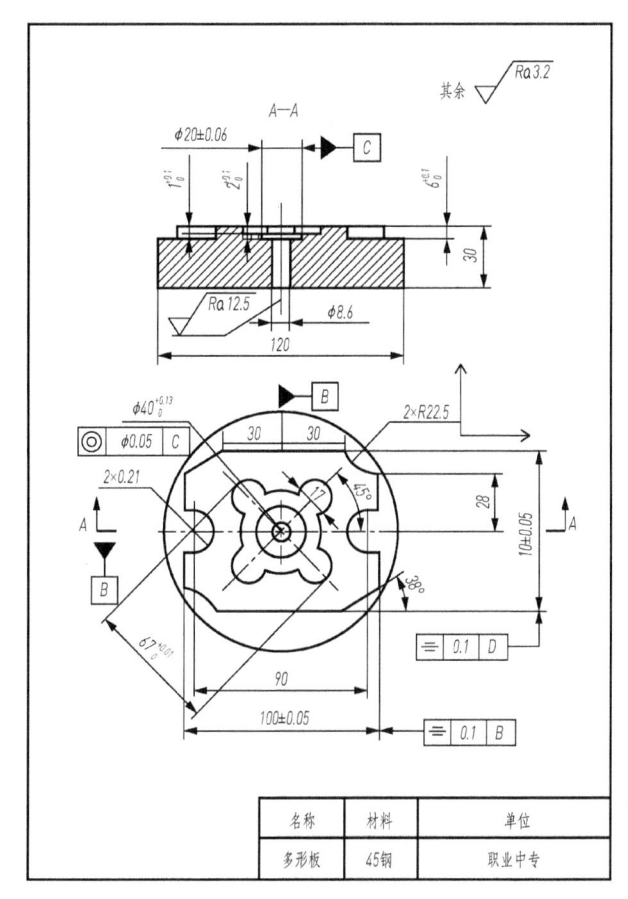

图 5-77 多型板零件图

5.15 基准的选用

任务引领

请同学们观察并指出图 5-78 中的尺寸基准。

任务链接

1. 合理选择尺寸基准

任何零件都有长、宽、高三个方向的尺寸，每个方向至少要选择一个尺寸基准。一般常选择零件结构的对称面、回转轴线、主要加工面、重要支承面或结合面作为尺寸基准。

根据基准的作用不同可分为两种：设计基准和工艺基准。

（1）设计基准：根据设计要求用以确定零件结构的位置所选定的基准，如图 5-78 所示。
（2）工艺基准：工艺基准是为便于零件加工和测量所选定的基准，如图 5-79 所示。

2. 主要尺寸应直接注出

零件的主要尺寸必须直接注出，如图 5-80 所示。

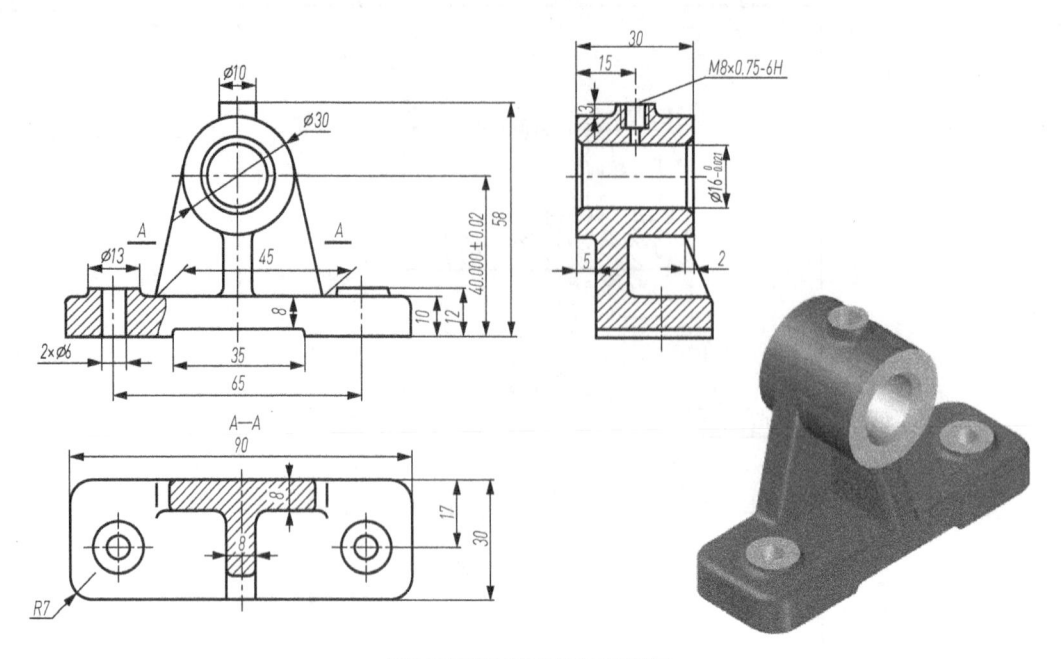

图 5-78 轴承座的尺寸标注

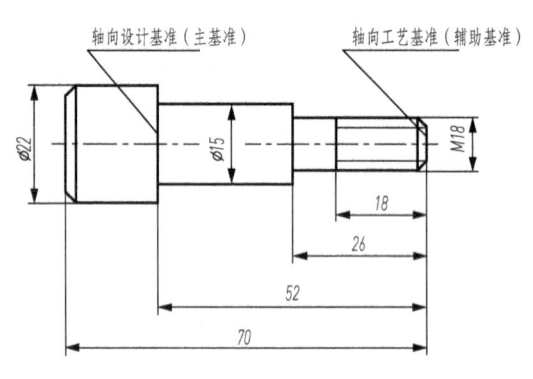

图 5-79 设计基准和工艺基准

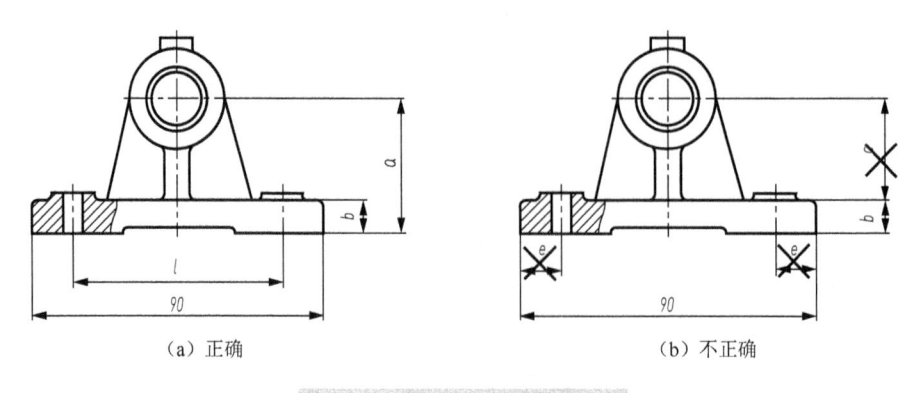

(a) 正确　　　　　　　　　　(b) 不正确

图 5-80 避免出现封闭的尺寸链

3. 避免出现封闭的尺寸链

封闭的尺寸链首尾相接，形成一个封闭圈。如图 5-81（b）所示，已注出各段尺寸 l_1、l_2、

l_3，如再注出总长 l_4，这四个尺寸就构成了封闭尺寸链，每个尺寸为尺寸链中的组成环。根据尺寸标注形式对尺寸误差的分析，尺寸链中任一环的尺寸误差，都等于其他各环的尺寸误差之和。因此，如注成封闭尺寸链，欲同时满足各组成环的尺寸精度是办不到的。因此，标注尺寸时应在尺寸链中选一个不重要的环不注尺寸，该环称为开口环，如图5-81（a）中长度方向的未注尺寸段。开口环的尺寸误差等于其他各环尺寸误差之和，因为它不重要，在加工中最后形成，使误差积累到这个开口环上（加工时不测量），该环尺寸精度不予保证对零件设计要求没有影响，从而保证了其他各组成环的尺寸精度。

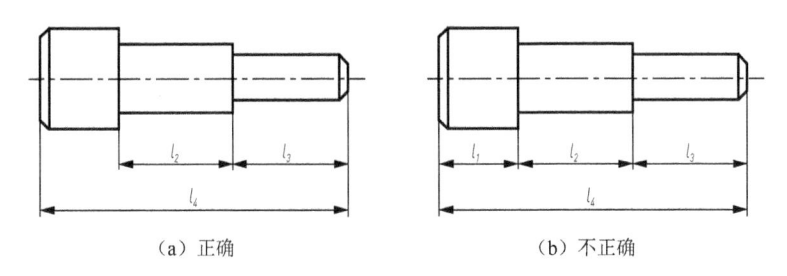

(a) 正确　　　　　　　　　　(b) 不正确

图 5-81　主要尺寸的标注

4. 符合加工顺序和便于测量

按加工顺序标注尺寸符合加工过程，方便加工和测量，从而易于保证工艺要求。轴套类零件和阶梯孔的尺寸一般都按加工顺序标注，如图5-82所示。

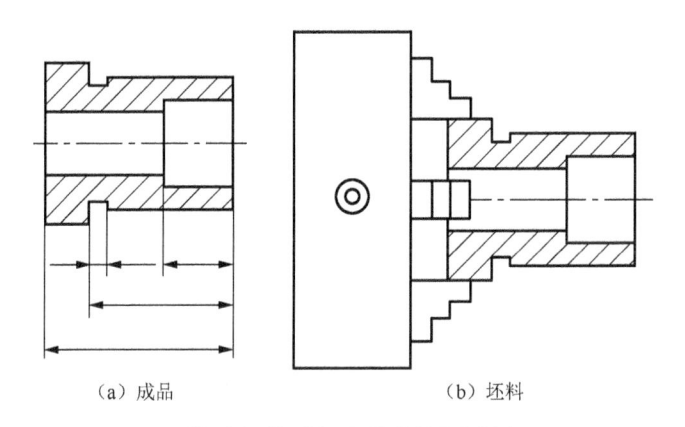

(a) 成品　　　　　　　　　　(b) 坯料

图 5-82　符合加工顺序和便于测量

5. 毛面与加工面的尺寸标注

加工面与不加工面（毛面）只能有一个尺寸相联系。如果同一加工面与多个不加工面都有尺寸相联系，即以同一加工面为基准，来同时保证这些不加工面尺寸的精度要求，将使加工制造不方便，实际上也是不可能的。因此，零件在同一方向上的加工面与不加工面之间，一般只能有一个尺寸相联系（加工第一个加工面时必须以毛面为基准，以后的加工面就要以另外加工面为基准）。而其他不加工面只能与不加工面发生尺寸联系。这样不仅加工面的尺寸精度要求容易保证，而且不加工面的尺寸精度也能从工艺上保证设计要求。毛面的尺寸要单独标注，才符合工艺要求，如图5-83所示。

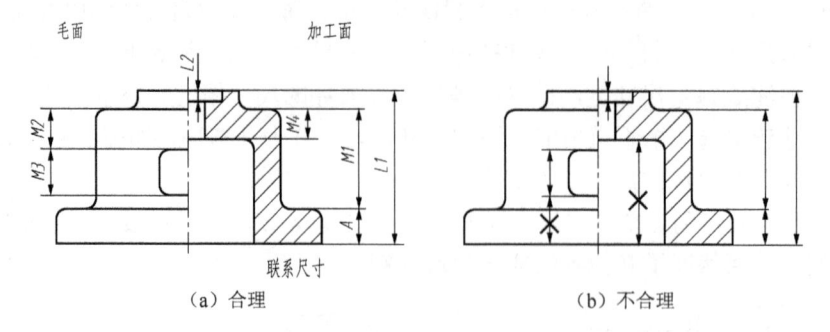

图 5-83 毛面与加工面的标注

（a）合理　　　（b）不合理

任务拓展

观察如图 5-84 所示的零件图，分析其标注的优点。

标注步骤：

（1）确定尺寸主要基准。

（2）标注径向尺寸。

（3）标注轴向尺寸确定轴向辅助基准 B、C、D。

（4）由辅助基准 B、C、D 分别标注其他长度尺寸。

（5）标注两键槽断面尺寸。

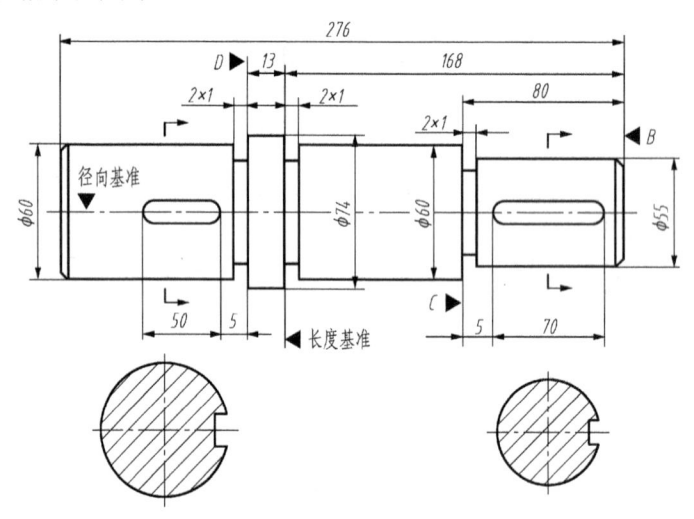

图 5-84 减速器输出轴

项目六　装配图的识读

本项目知识要点

（1）通过识读装配图，掌握装配图的内容，学会识读装配图的读图方法和步骤。
（2）识读螺栓连接装配图，掌握螺栓连接的画法及各部分的尺寸关系。
（3）识读键连接装配图，会判断普通平键的长度、宽度和高度。
（4）识读虎钳装配图，读懂零件的结构形状，了解配合的概念及分类。

探索思考

识读滑动轴承装配图，思考零件图和装配图有何区别？

预习准备

搜集机械加工的装配图，尝试读图。

6.1　装配图概述

任务引领

看懂如图 6-1 所示的图纸，明确各部分的形状和大小。

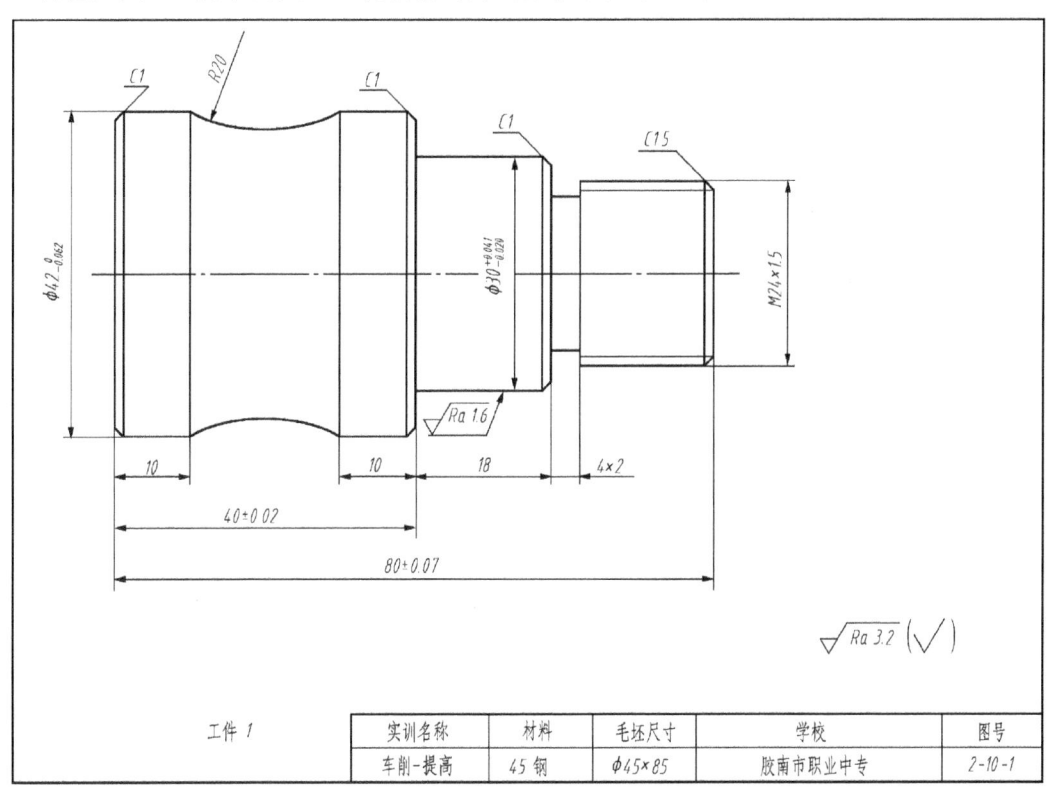

(a) 件1

·118· 机械识图

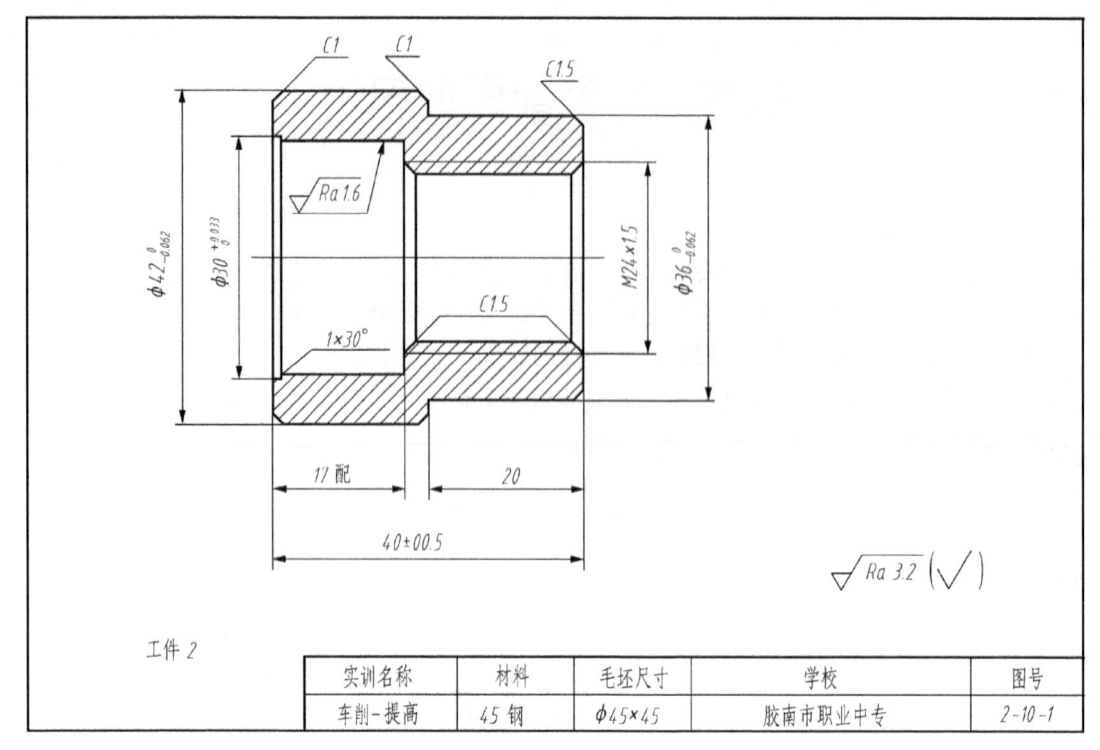

（b）件2

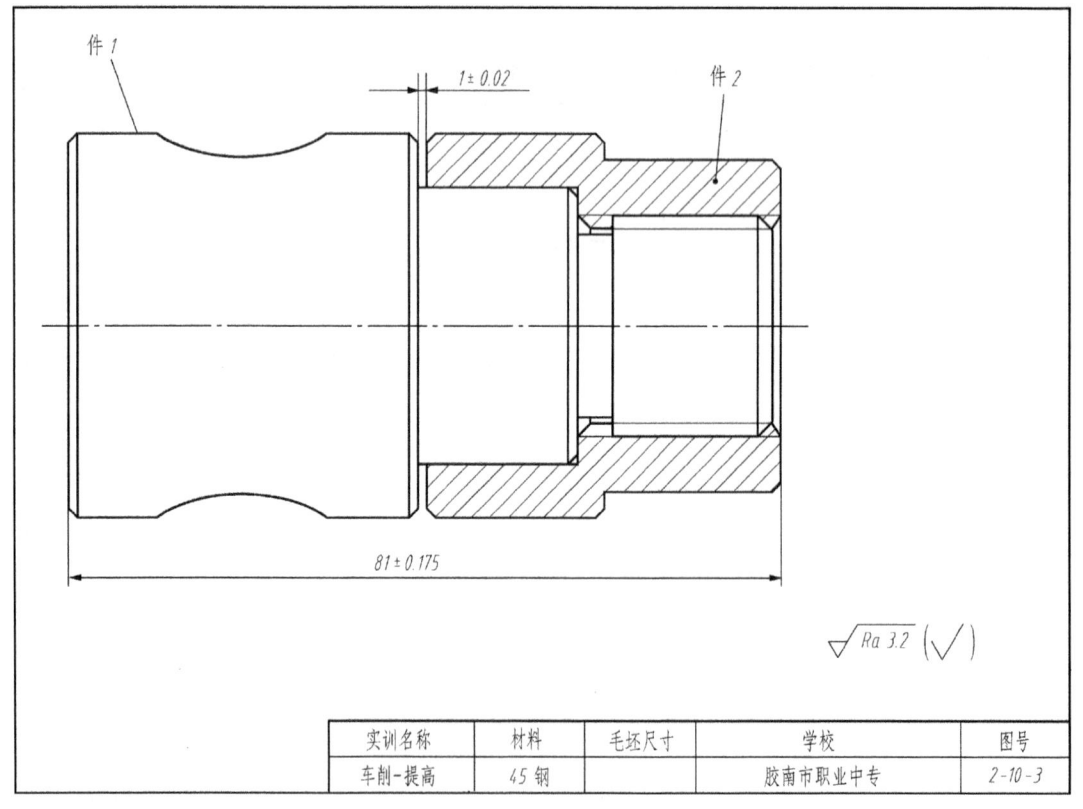

实训名称	材料	毛坯尺寸	学校	图号
车削-提高	45钢	φ45×45	胶南市职业中专	2-10-1

（c）件1与件2装配图

实训名称	材料	毛坯尺寸	学校	图号
车削-提高	45钢		胶南市职业中专	2-10-3

图 6-1 装配图

议一议：学生读图，自行讨论交流。

任务链接

图 6-1（a）所示螺纹轴和图 6-1（b）所示套类零件前面已经学过，图 6-1（c）是把螺纹轴和套类零件装配在一起，我们将这样的图称为装配图，这是在此任务中要重点学习的内容。

6.1.1 装配图的作用

装配图是机器或部件在设计和生产中的重要技术文件与技术依据，它可以用来表达部件或机器的工作原理、零件的主要结构和形状以及它们之间的装配关系，还可以为装配、检验、安装和调试提供所需的尺寸和技术要求。

6.1.2 装配图的内容

一张完整的装配图应包含以下四个方面的内容。

1. 一组图形

表达装配体（机器或部件）的构造、工作原理、零件间的装配、连接关系及主要零件的结构形状。

2. 必要的尺寸

表达装配体的规格或性能、装配、安装、总体以及其他方面所需重要的尺寸。

3. 技术要求

用文字或符号说明装配体在装配、检验、调试时须达到的技术要求和使用条件规范等。

4. 零件序号、标题栏、明细栏

序号是指对装配体上每一种零件按顺序的编号。标题栏用以注明装配体的名称、图号、比例以及相关人员的签名、日期等。明细栏用来记载零件的名称、序号、材料、数量及标准件的规格、标准代号等。

6.1.3 装配图的基本表达方法

装配体的表达与零件的表达相比较，其共同点是都要反映它们的内、外部结构和形状，前面介绍过的机件的各种表达方法和选用原则，不仅适用于零件，也完全适用于装配体。

下面简单介绍装配图的规定画法。

1. 关于接触面（配合面）与非接触面的画法

（1）两零件的接触面或公称尺寸相同的轴孔配合面，规定只画一条线表示其公共轮廓，即使间隙配合的间隙较大也只需画一条线。如图 6-2 所示中的齿轮轴的轴端与泵体和泵盖上轴孔的配合处就只画了一条线。

（2）相邻零件的非接触面或非配合面，应画两条线表示各自的轮廓，即使彼此间的间隙很小也必须画两条线，必要时允许适当夸大。如图 6-2 所示中的压盖与主动轴之间应画两条线。

2. 关于剖面线的画法

（1）在装配图的剖视或剖面图中，会出现若干个零件连接在一起的情况。

（2）在同一张图纸中，如果同一零件在不同的图形中都有剖视或剖面，其剖面线的方向应保持一致。如图 6-2 所示中泵盖在各视图中的剖面线的方向就是一致的。

技术要求

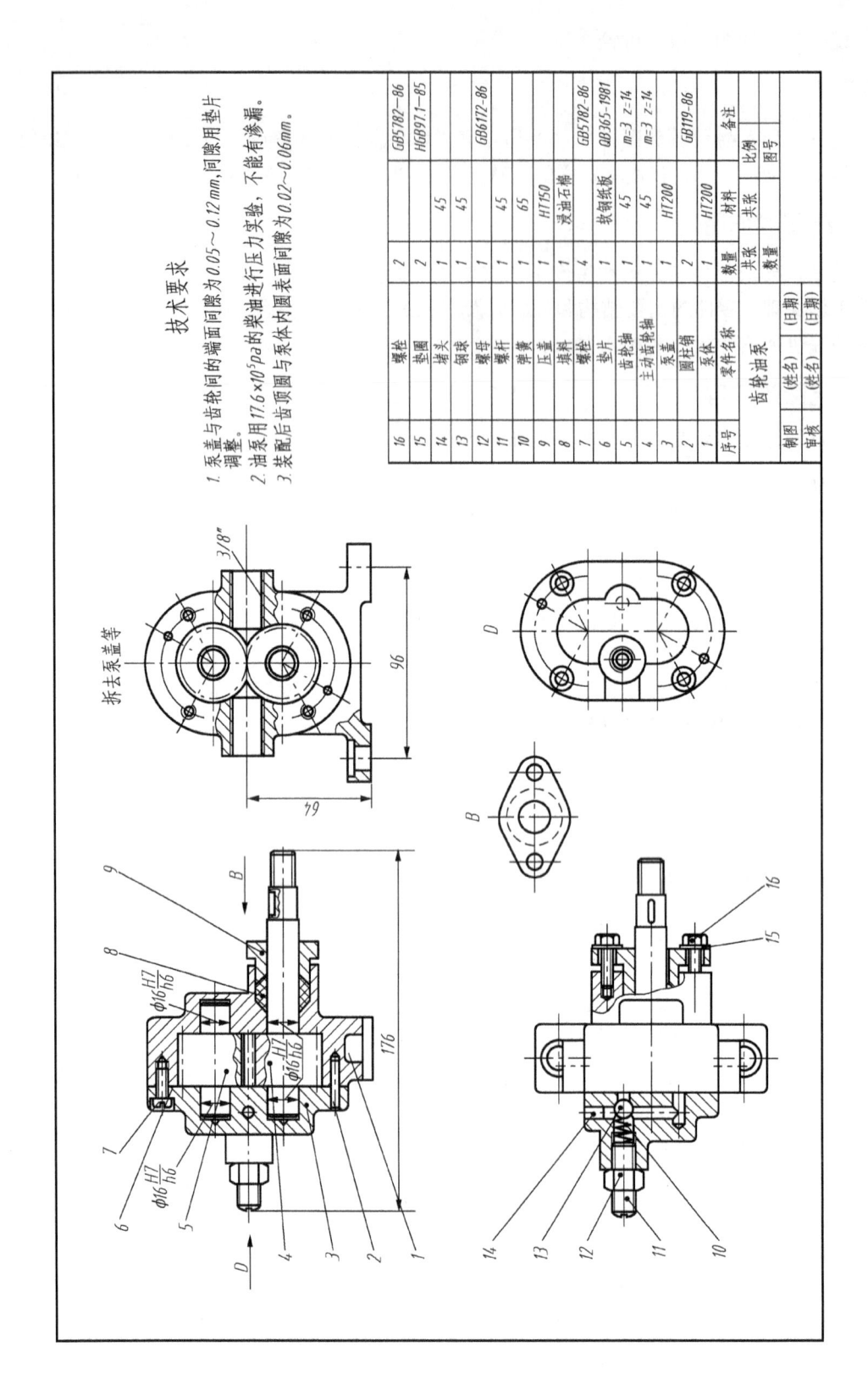

1. 泵盖与齿轮间的端面间隙为 0.05～0.12mm，间隙用垫片调整。
2. 油泵用 $17.6\times10^5 Pa$ 的柴油进行压力实验，不能有渗漏。
3. 装配后齿顶圆与泵体内圆表面间隙为 0.02～0.06mm。

16	螺栓	2	45	GB5782-86
15	垫圈	2		HGB97.1-85
14	堵头	1	45	
13	锁桊	1		GB6172-86
12	螺母	1	45	
11	螺杆	1	45	
10	弹簧	1	65	
9	压盖	1	HT150	
8	填料	1	浸油石棉	
7	螺栓	4	装钢纸板	GB5782-86
6	垫片	1	45	QB365-1981
5	齿轮轴	1	45	$m=3$ $z=14$
4	主动齿轮轴	1	45	$m=3$ $z=14$
3	泵盖	1	HT200	
2	圆柱销	2		GB119-86
1	泵体	1	HT200	
序号	零件名称	数量	材料	备注
齿轮油泵		共张	比例	
		数量		图号
制图	(姓名)	(日期)		
审核	(姓名)	(日期)		

图 6-2 齿轮油泵装配图

3. 关于标准件和实心零件纵向剖切的画法

在剖视图中，对于标准件（螺栓、螺母、键和销）和实心零件（如轴、连杆、拉杆和手柄等），当剖切面通过其轴线做纵向剖切时，均按不剖绘制（如图 6-2 中的轴与螺杆）。

6.1.4 装配图的读图方法与步骤

下面以图 6-3 所示钻模为例，对其主要零件进行分析。

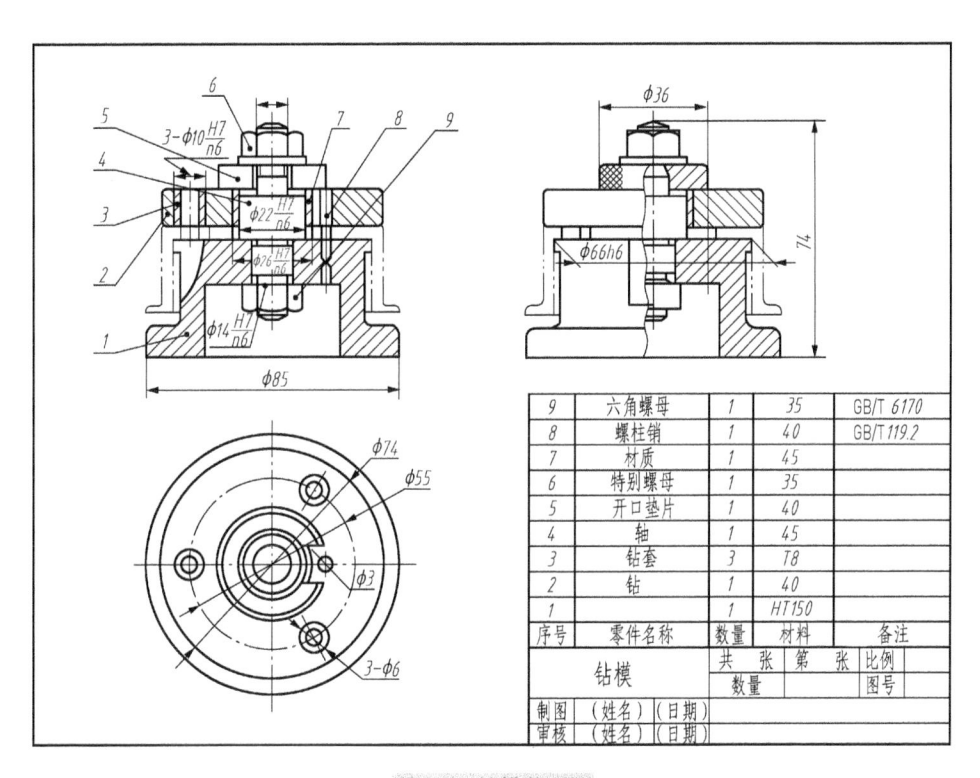

图 6-3 钻模装配图

1. 看什么

（1）搞清楚装配体的名称、性能和工作原理。
（2）搞清楚每个零件的主要结构和作用，以及各零件之间的装配关系和拆装顺序。
（3）了解主要尺寸、技术要求等。

2. 如何看

（1）概括了解。
（2）分析装配关系和工作原理。

3. 分析零件的结构形状和作用

搞清楚每个零件的结构形状和作用，是看懂装配图的重要标志。由图 6-3 可知，钻模板是一个直径为 $\phi74$ 的圆盘零件，其上均布 3 个 $\phi10$ 的圆孔，孔内镶有 $\phi6$ 的衬套，圆盘中央有一个 $\phi26$ 的圆孔，也镶有一个衬套，另外有一个定位销孔。其轴测图如图 6-4 所示。

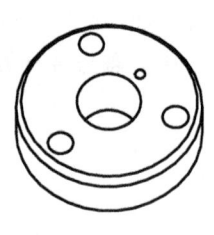

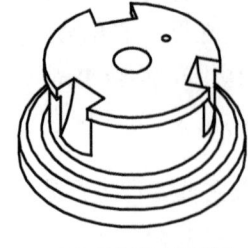

(a) 钻模板轴测图　　　　(b) 钻模底座轴测图　　　　(c) 钻模装配轴测图

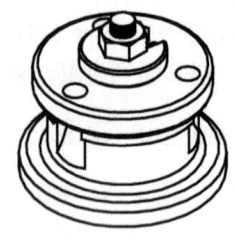

图 6-4　钻模轴测图

4. 归纳总结

在搞清楚装配体的工作原理和装配关系以及各零件的结构形状之后，还须对装配图所注尺寸以及技术要求（符号、文字）进行分析研究，进一步了解装配体的设计意图和装配工艺。这样，对装配体就有了全貌的了解。

任务解读

图 6-1（a）、(b) 所示的零件图前面都分别识读过，下面进行图 6-1（c）所示的装配图的识读。通过学习上面内容，可以知道件 1 是实心零件，当剖切面通过其轴线做纵向剖切时，按不剖绘制，所以可以从装配图中将件 1 拆分出来，剩余部分即件 2，件 2 采用了全剖视图的表达方式。件 1 和件 2 配合的总体长度为（81±0.175）mm，配合间隙为（1±0.02）mm。该配合件的加工关键就在于精度的把握。

任务训练

读如图 6-5～图 6-7 所示的装配图，想出形体的形状。

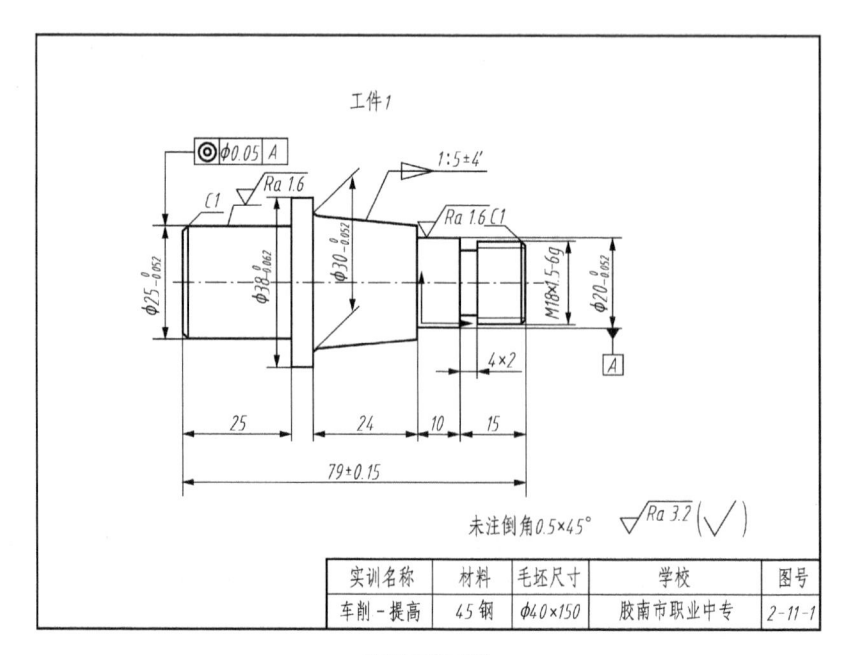

图 6-5　件 1

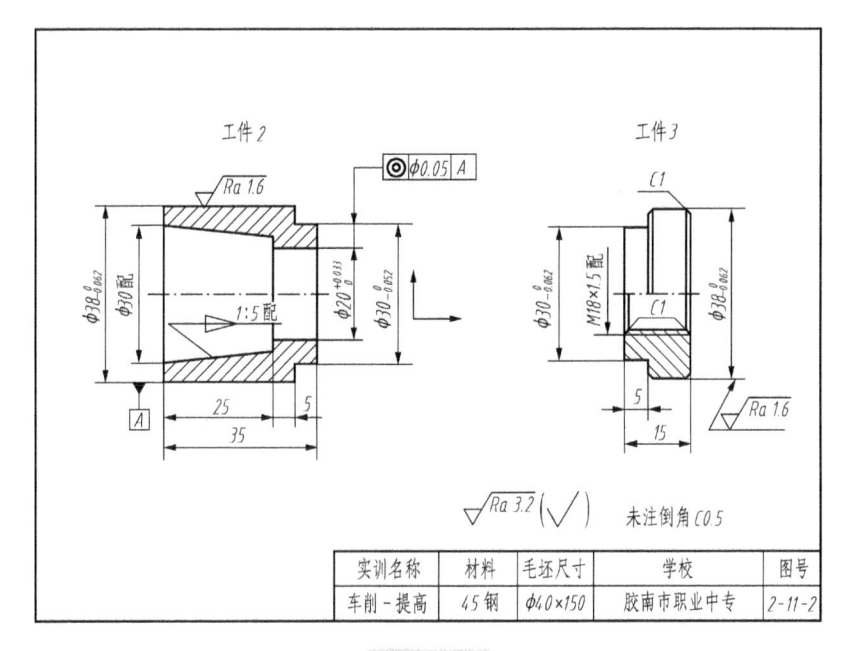

图 6-6 件 2

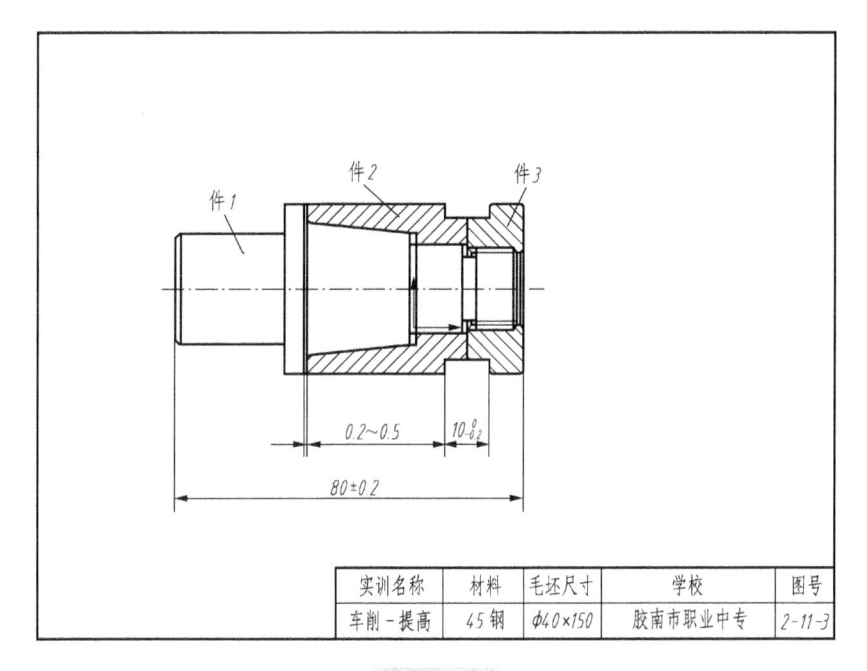

图 6-7 件 3

任务拓展

常见装配体结构的合理性

（1）在轴和孔配合时，若要求轴肩和孔的端面相互接触，则应在孔口处加工出倒角（图 6-8（b））或在轴肩处加工退刀槽（图 6-8（c）），以确保两个端面的接触良好。

(a)   (b)   (c)

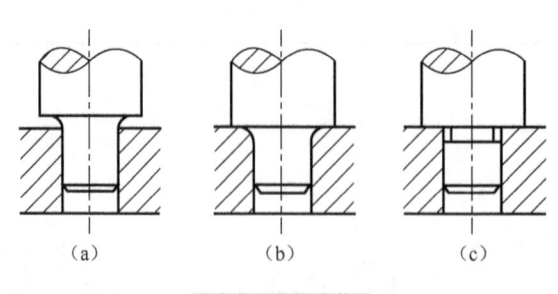

图 6-8 轴孔配合

(2) 两个零件在同一方向上只允许有一对接触面，这样既方便加工又保证良好接触，反之，既给加工带来麻烦又无法满足接触要求。图 6-9 列举了设计合理与不合理的例子。

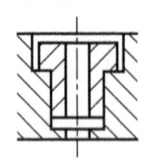

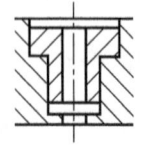

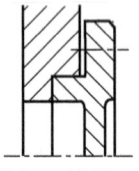

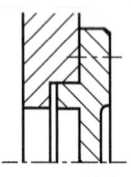

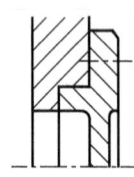

(a) 径向一对接触面合理   (b) 径向两对接触面不合理   (c) 轴向一对接触面合理   (d) 轴向两对接触面不合理

图 6-9 装配实例

(3) 在安装滚动轴承时，为防止其轴向窜动，有必要采用一些轴向定位结构来固定其内、外圈。常用的结构有轴肩、台肩、圆螺母和各种挡圈，如图 6-10（a）所示。在安装滚动轴承时还应考虑到拆卸的方便与否，如图 6-10（b）、（c）所示。

(4) 螺纹连接的合理结构：为了保证螺纹能顺利旋紧，可考虑在螺纹尾部加工退刀槽或在螺孔端口加工倒角。为保证连接件与被连接件的良好接触，应在被连接件上加工出沉孔，如图 6-11（a）所示，或加工出凸台如图 6-11（b）所示，而图 6-11（c）是不正确的设计。

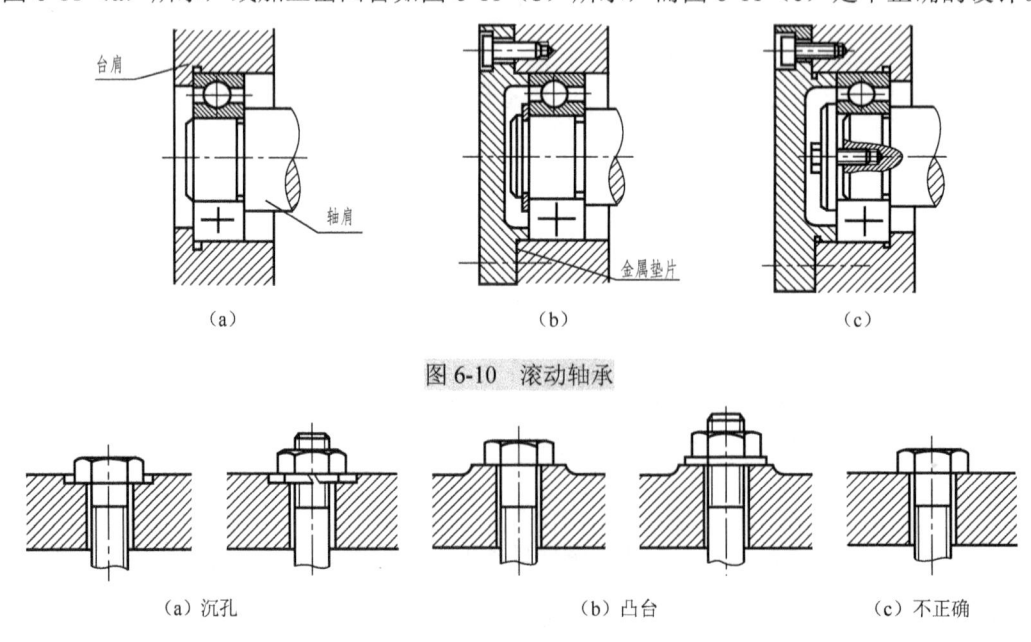

(a)   (b)   (c)

图 6-10 滚动轴承

(a) 沉孔   (b) 凸台   (c) 不正确

图 6-11 螺纹连接

6.2 识读螺栓连接装配图

任务引领

常用的螺纹紧固件连接有螺栓连接、双头螺柱连接和螺钉连接,以螺栓连接为最多见,主要应用于两个被连接件的厚度较小、可以做成通孔的情况,将螺栓穿过通孔后,用垫片和螺母紧固,如图 6-12 所示。

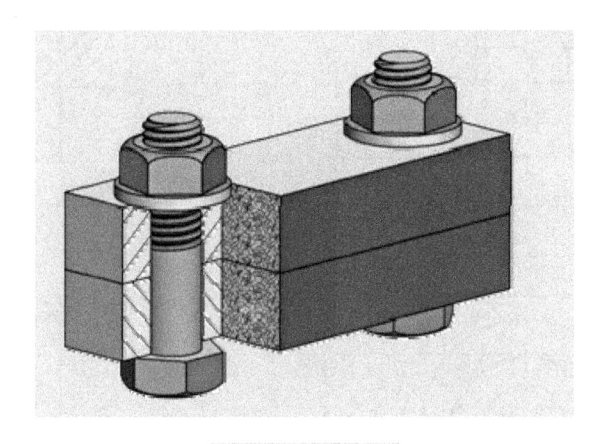

图 6-12 螺栓连接

任务链接

6.2.1 螺栓连接的画法及各部分尺寸关系

由图 6-13 可知螺栓中各部分尺寸关系如下。

(1) 螺栓公称长度 L 应按下式估算:

$$L = \delta_1 + \delta_2 + b + H + a$$

式中,δ_1、δ_2 为被连接零件的厚度;$a=(0.3\sim0.4)d$,d 为螺栓的公称直径;$b=0.15d$;$H=0.8d$。

(2) 图中其他尺寸与 d 的比例关系为

$$d_0 = 1.1d$$

$$R = 1.5d$$

$$h = 0.7d$$

$$d_1 = 0.85d$$

$$L_0 = (1.5\sim2)d$$

$$D = 2d$$

$$D_1 = 2.2d$$

$$R_1 = d$$

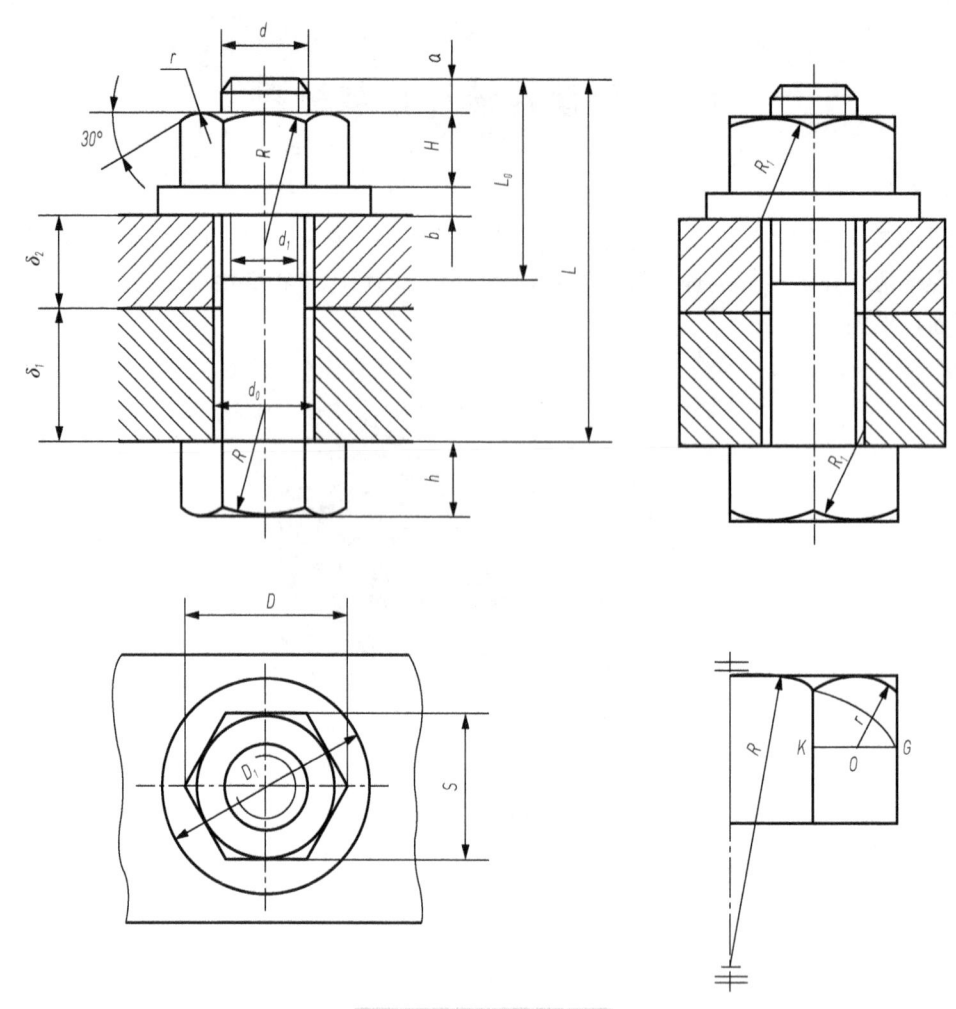

图 6-13　螺栓连接的画法

6.2.2　螺栓连接装配图画法注意事项

（1）当剖切平面通过螺杆的轴线时，螺柱、螺栓、螺钉、螺母及垫圈等均按未剖切绘制。

（2）螺纹紧固件的工艺结构，如倒角、退刀槽、缩颈、凸肩等均可省略不画。

（3）两个被连接零件的接触面只画一条线；两个零件相邻但不接触，仍画成两条线。

（4）在剖视图中表示相邻的两个零件时，相邻零件的剖面线必须以不同的方向或以不同的间隔画出。同一零件的各个剖面区域，其剖面线画法应一致。

（5）为了保证装配工艺合理，被连接件的光孔直径应比螺纹大径大些，一般按 $1.1d$ 画。螺纹的有效长度应画得低于光孔顶面，使 $L-L_0<\delta_1+\delta_2$，以便于螺母调整、拧紧，使连接可靠。

任务拓展

1. 双头螺柱连接比例画法

双头螺柱连接（图 6-14）由双头螺柱、螺母、垫圈组成。双头螺柱连接多用于被连接件之一太厚的情况，不适于钻成通孔或不能钻成通孔的场合。

各部分比例尺寸与螺栓连接一致。

项目六 装配图的识读

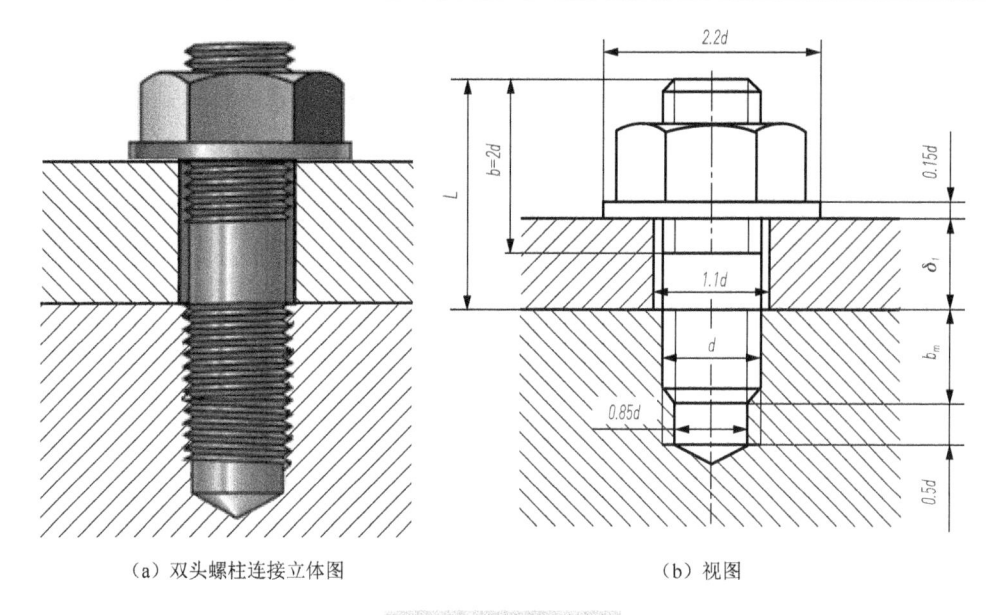

(a) 双头螺柱连接立体图　　　　(b) 视图

图 6-14 双头螺柱连接

2. 螺钉连接比例画法

螺钉连接（图 6-15）不用螺母，而将螺钉直接拧入被连接件的螺孔里。螺钉连接适用于受力不大的零件间的连接（如外壳与机座的连接）。

各部分比例尺寸与双头螺柱连接一致。

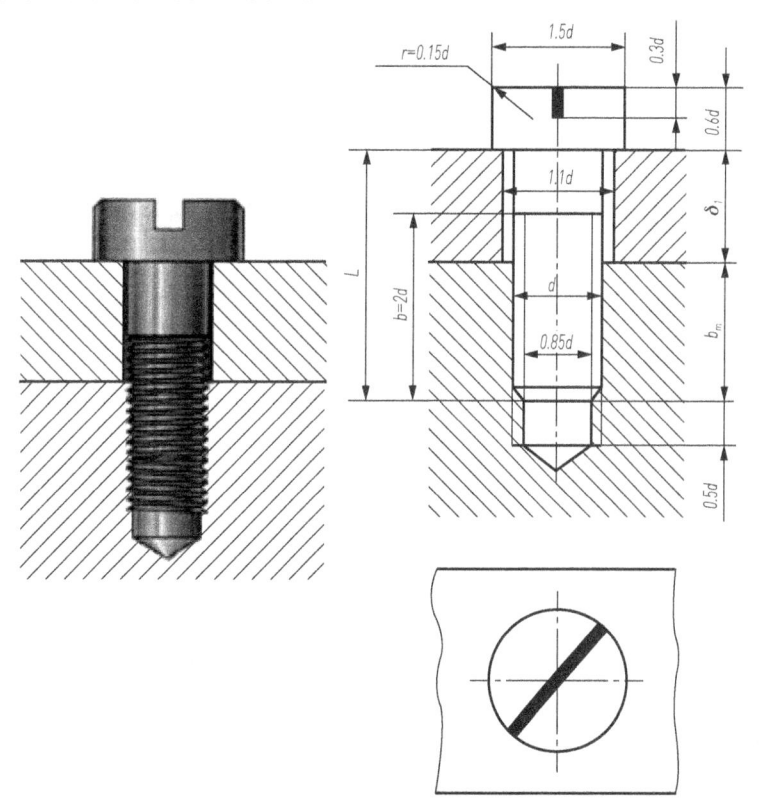

图 6-15 螺钉连接

3. 简化画法

在装配图中，螺栓连接、螺柱连接和螺钉连接一般采用简化画法，如图 6-16 所示。

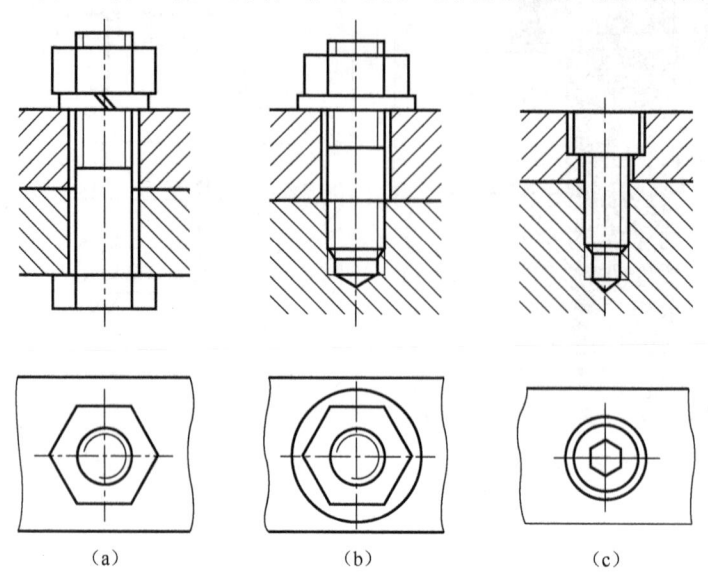

图 6-16 螺纹连接的简化画法

6.3 识读键连接装配图

任务引领

键与销都是标准件。键连接是一种可拆连接，用于连接轴和轴上的传动件，使轴和传动件一起传递扭矩。销连接用于零件间的连接和定位。

任务链接

键连接有普通平键、半圆键和钩头楔键三种。普通平键应用最广泛，其又分为 A、B、C 三种形式（图 6-17），以 A 型应用较多。

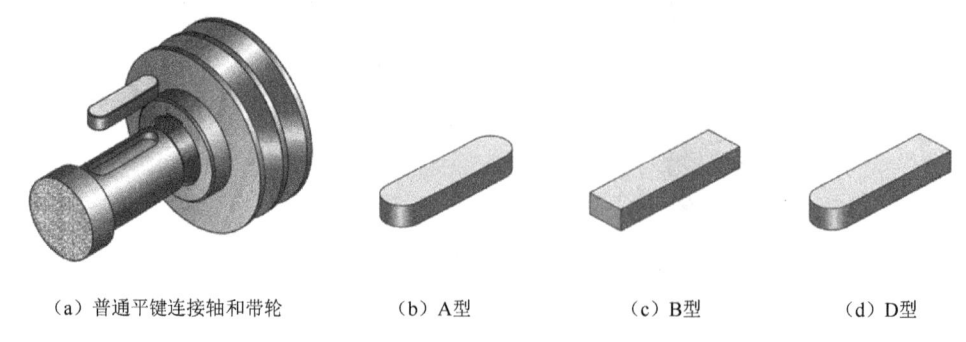

(a) 普通平键连接轴和带轮　　(b) A型　　(c) B型　　(d) D型

图 6-17 普通平键连接及三种形式

键作为标准件，标注为：

标准号　键　类型代号　$b×h×l$

例如，

$$\text{GB/T 1096 键 } 16\times10\times100$$

表示宽度 b=16mm、高度 h=10mm、长度 l=100mm 的普通 A 型平键。A 型平键连接画法如图 6-18 所示。

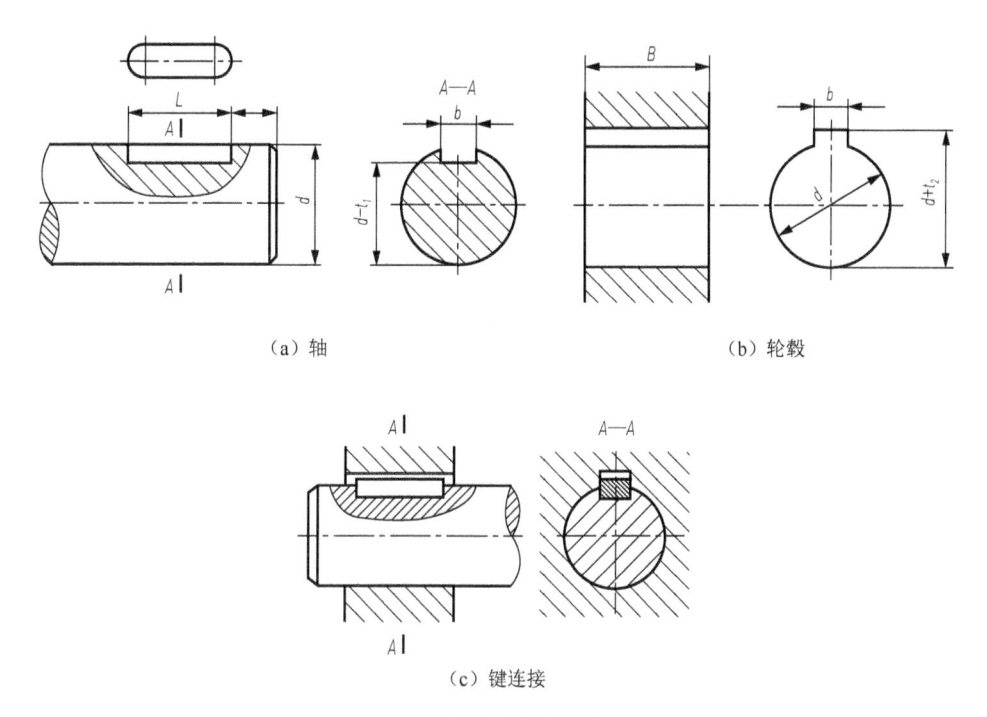

（a）轴　　　　　　　　　　（b）轮毂

（c）键连接

图 6-18　平键连接画法

说明：键安装在轴与轮毂的槽中，两个侧面是工作面，之间没有间隙，画一条线；键与轴槽底面接触，画一条线。键顶面到轮毂键槽顶面留有一定间隙，画两条线。

任务拓展

销连接分为圆柱销、圆锥销和开口销，用于连接两零件传递较小扭矩，或起到定位作用。国家标准对销连接已有标准要求，作图时应按照规定绘制。

销的标记：如

$$\text{销 GB/T 117 } 10\times50$$

表示小端直径 d=10mm、长度 l=50mm 的圆锥销。国家规定标准圆锥销的锥度为 1：50。

销连接的画法如图 6-19 所示。

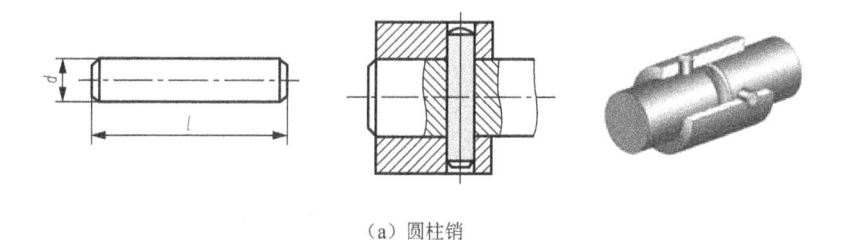

（a）圆柱销

（b）圆锥销

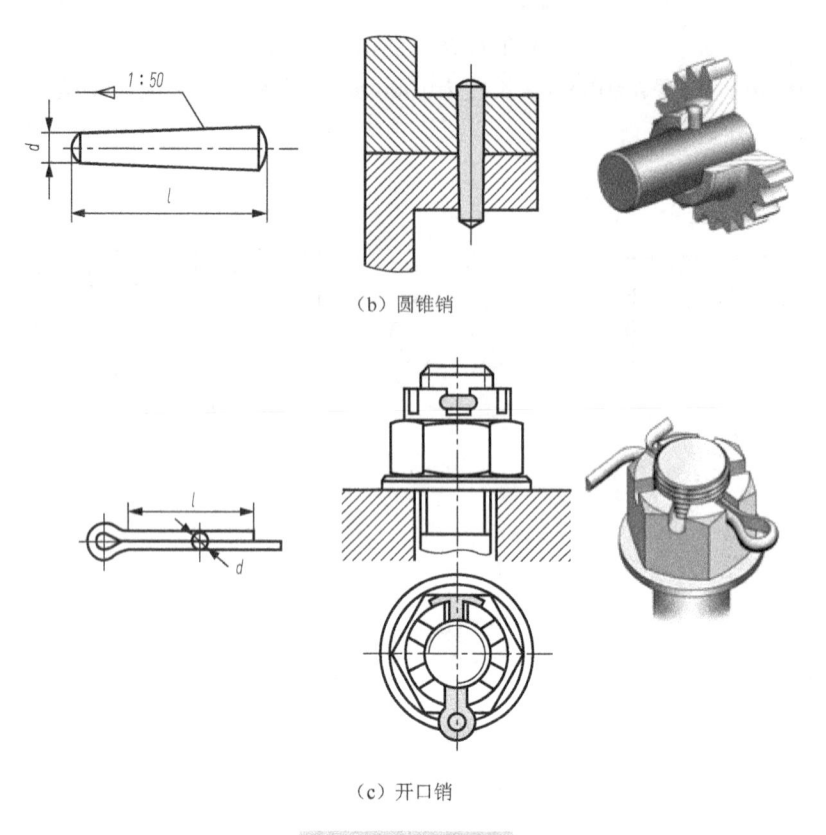

（c）开口销

图 6-19　销连接画法

6.4　识读虎钳装配图

任务引领

虎钳是钳工操作加工零件常用的夹持工具，其作用是保证零件固定牢靠，完成锯、锉、錾等加工。虎钳的规格以钳口的宽度为标准，以 150mm 和 125mm 最常用。图 6-20 和图 6-21 所示分别为虎钳的立体图和装配图。

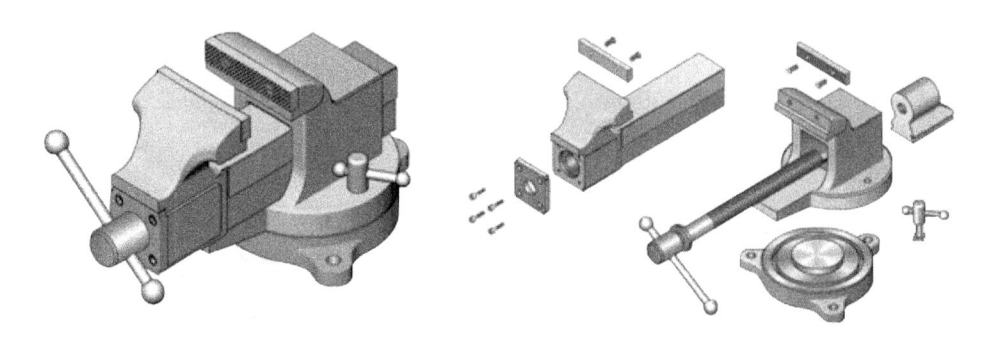

图 6-20　虎钳立体图及分解图

项目六 装配图的识读

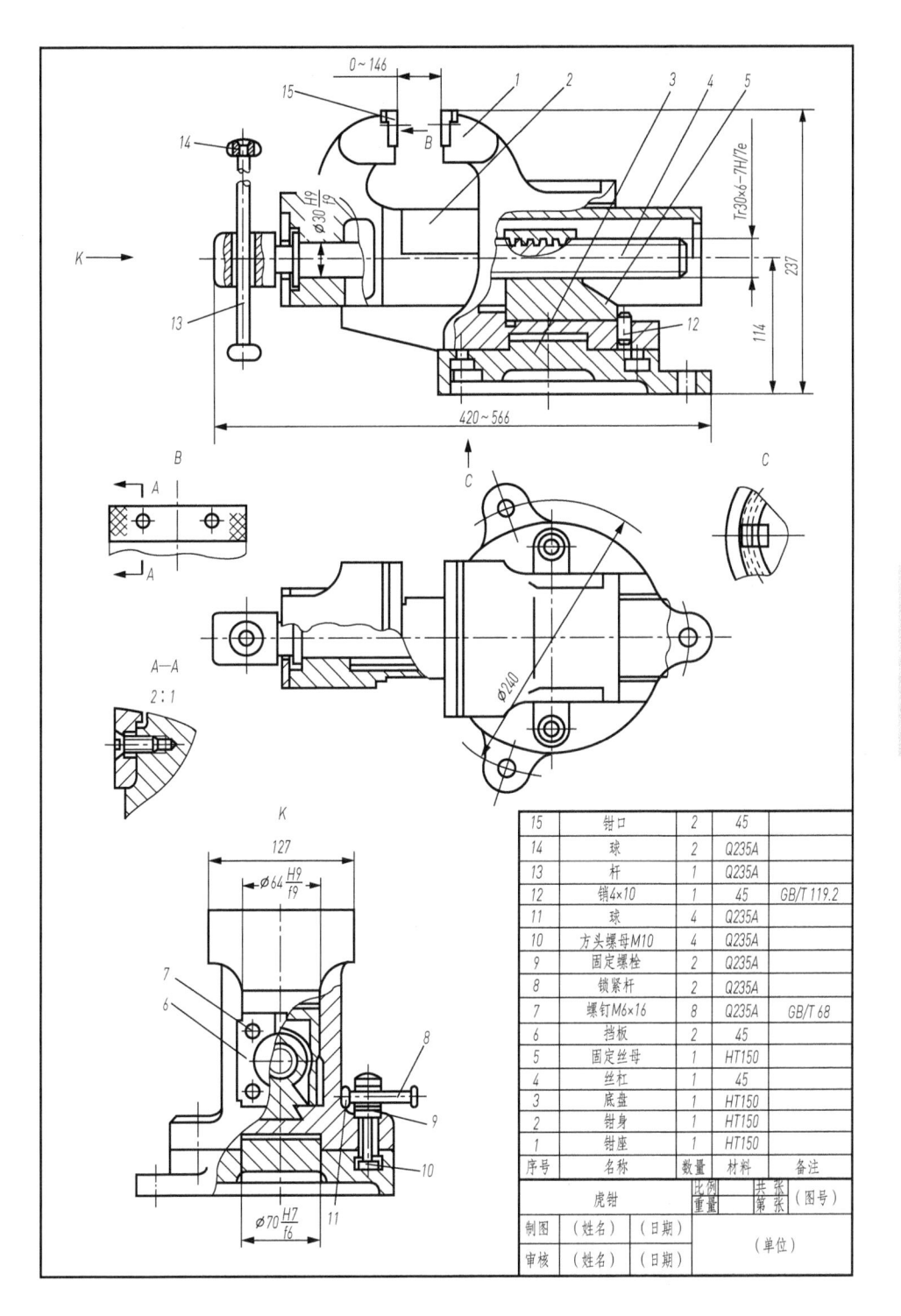

图 6-21 虎钳装配图

15	钳口	2	45	
14	球	2	Q235A	
13	杆	1	Q235A	
12	销4×10	1	45	GB/T 119.2
11	球	4	Q235A	
10	方头螺母M10	4	Q235A	
9	固定螺栓	2	Q235A	
8	锁紧杆	2	Q235A	
7	螺钉M6×16	8	Q235A	GB/T 68
6	挡板	2	45	
5	固定丝母	1	HT150	
4	丝杠	1	45	
3	底盘	1	HT150	
2	钳身	1	HT150	
1	钳座	1	HT150	
序号	名称	数量	材料	备注

任务链接

6.4.1 识读装配图的方法和步骤

1. 概况了解

（1）了解标题栏：从标题栏可了解到装配体名称、比例和大致的用途。

（2）读明细栏：从明细栏可了解到标准件和专用件的名称、数量以及专用件的材料、热处理等要求。

（3）初步看视图：分析表达方法和各视图间的关系，弄清各视图的表达重点。

2. 了解工作原理和装配关系

在一般了解的基础上，结合有关说明书仔细分析机器（或部件）的工作原理和装配关系，这是看装配图的一个重要环节，分析各装配干线，弄清零件相互的配合、定位、连接方式。此外，对运动零件的润滑、密封形式等，也要有所了解。

3. 分析视图，看懂零件的结构形状

分析视图，了解各视图、剖视图、断面图等的投影关系及表达意图。了解各零件的主要作用，帮助看懂零件结构。分析零件时，应从主视图中的主要零件开始，可按"先简单，后复杂"的顺序进行。有些零件在装配图上不一定表达完全清楚，可配合零件图来读装配图，这是读装配图极其重要的方法。

常用的分析方法如下：

（1）利用剖面线的方向和间距来分析。同一零件的剖面线，在各视图上方向一致、间距相等。

（2）利用画法规定来分析。例如，实心件在装配中规定沿轴线方向剖切可不画剖面线，据此能很快地将丝杆、手柄、螺钉、键、销等零件区分出来。

4. 分析尺寸和技术要求

（1）分析尺寸。找出装配图中的性能（规格）尺寸、装配尺寸、安装尺寸、总体尺寸和其他重要尺寸。

（2）技术要求。一般是对装配体提出的装配要求、检验要求和使用要求等。

综上所述，看装配图只有按步骤对装配体进行全面了解、分析和总结全部资料，认真归纳，才能准确无误地看懂装配体。

6.4.2 配合

配合指相同公称尺寸相互结合的孔、轴公差带之间的关系。例如，$\phi 50H8$ 的孔与 $\phi 50f7$ 的轴结合在一起，即配合。其标注如下：

$\phi 50H8/\phi 50f7$ 表示公称尺寸为 $\phi 50$（H 表示以孔作为基准来配不同公差带的轴，称为基孔制），基本偏差为 H、公差等级为 8 级的基准孔与基本偏差为 f、公差等级为 7 级的轴的配合。

$\phi 60D8/h7$ 表示公称尺寸为 $\phi 60$（h 表示以轴作为基准来配不同的公差带的孔，称为基轴制），基本偏差为 h、公差等级为 7 级的基准轴与基本偏差为 D、公差等级为 8 级的孔的配合。

图 6-21 中的尺寸 $\phi 30H9/f9$、$\phi 70H7/f6$ 和 $\phi 64H9/f9$ 都是配合尺寸。按配合的公差带不同，配合分为间隙配合、过渡配合和过盈配合三种。

项目七　典型零件的测绘

本项目知识要点

（1）学会使用钢直尺、内外卡钳、游标卡尺、万能角度尺、螺纹规等测量工具。
（2）掌握零件测绘的主要步骤，能正确测绘阶梯轴和轴承盖。

探索思考

零件测绘工具常有什么？

预习准备

零件测绘步骤是什么？

任务引领

零件的测绘应用在仿制已有的成品零件或更换已经损坏的零件，且无现成的图样，需借助测量工具对损坏的零件进行准确的测量，并徒手绘制零件草图，为绘制标准图样做好准备工作。

任务链接

7.1　常用测绘工具及其使用

1. 长度测量工具

（1）钢直尺。精度可达 0.5mm，如图 7-1 所示。
（2）内、外卡钳。不可直接读数值，使用前需检查卡爪铆钉连接松紧是否适合。过松、过紧都要及时修复，如图 7-2 所示。
（3）游标卡尺。精度可达 0.02mm，可直接读数值。使用前需检查游标副尺与主尺是否零位对齐，如有误差，应对测量的数值进行修正，如图 7-3 所示。

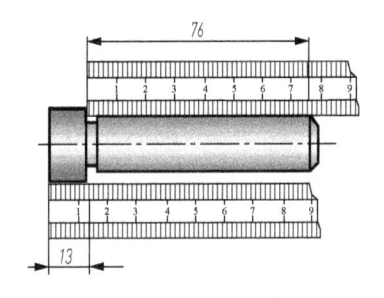

图 7-1　钢直尺及使用

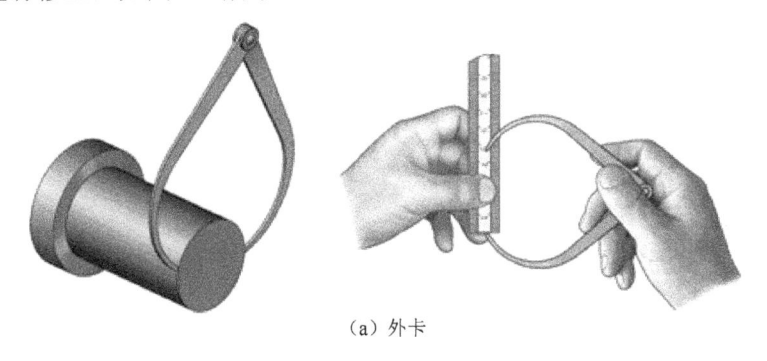

（a）外卡

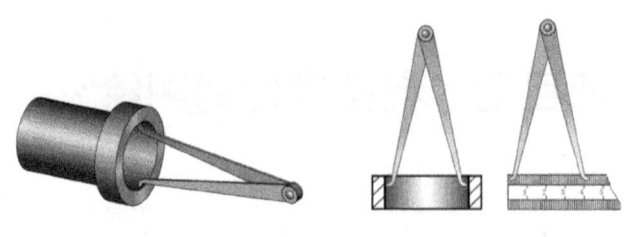

(b) 内卡

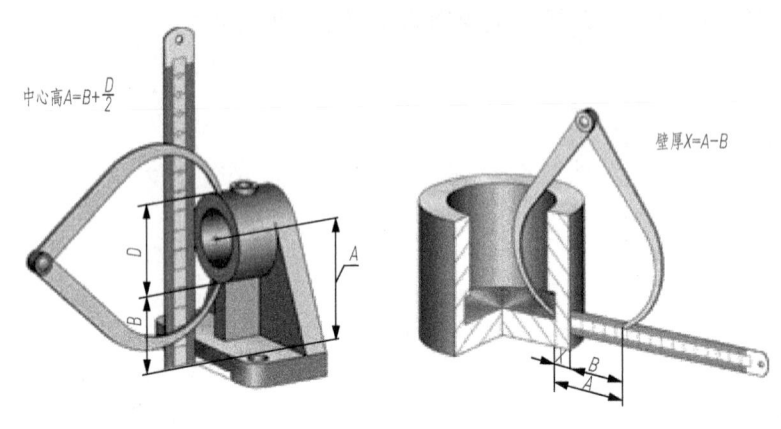

(c) 外卡与钢直尺

图 7-2　内、外卡钳及其使用

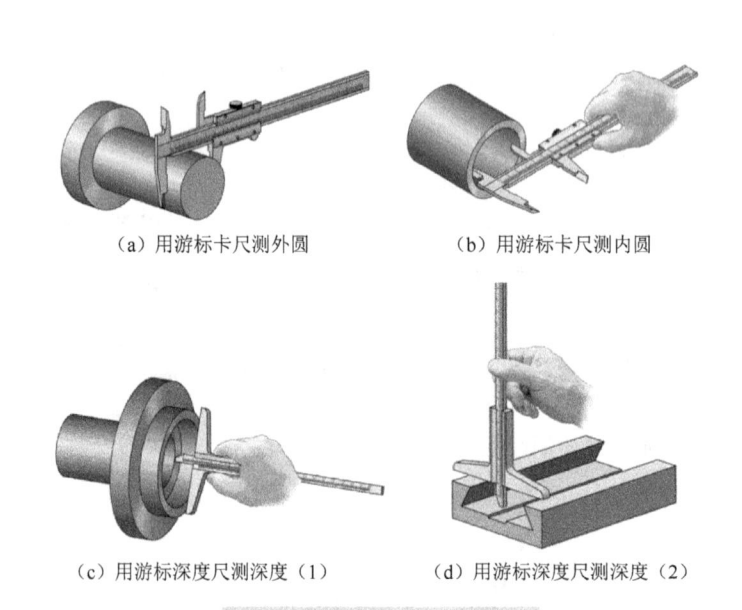

(a) 用游标卡尺测外圆　　　(b) 用游标卡尺测内圆

(c) 用游标深度尺测深度（1）　　　(d) 用游标深度尺测深度（2）

图 7-3　各种游标卡尺及其使用

2. 角度测量工具

万能角度尺，可精确到 $2'$，如图 7-4 所示。

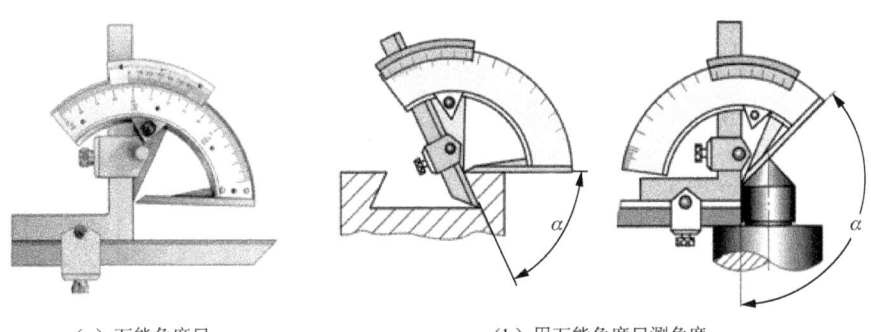

(a) 万能角度尺　　　　　　（b) 用万能角度尺测角度

图 7-4　万能角度尺及其使用

3. 螺纹测量工具

图 7-5 所示为用螺纹规测量螺距。

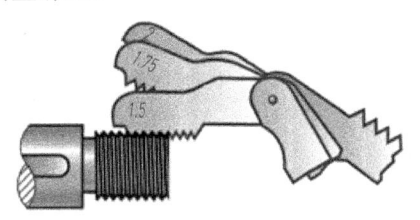

图 7-5　螺纹规测螺距

7.2　阶梯轴零件测绘

图 7-6 所示为阶梯轴零件的立体图，按作图规定绘制其零件图。

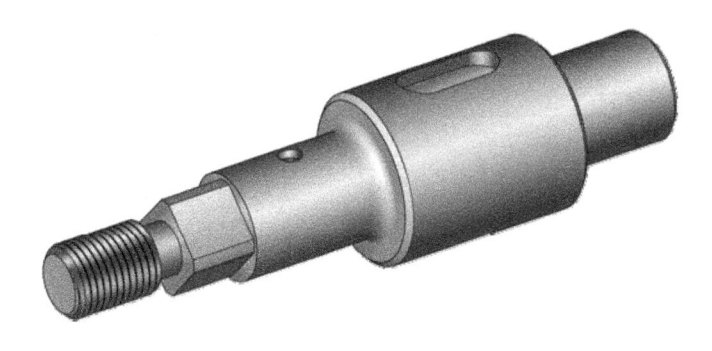

图 7-6　阶梯轴的立体图

下面具体介绍测绘步骤。

1. 画草图

轴类零件以主视图为主，配以 C—C、D—D 断面图，用局部视图表达键槽的长和宽，用局部剖视图表达小孔深度，退刀槽局部放大，如图 7-7 所示。按图 7-8 画草图步骤画出完整的草图。

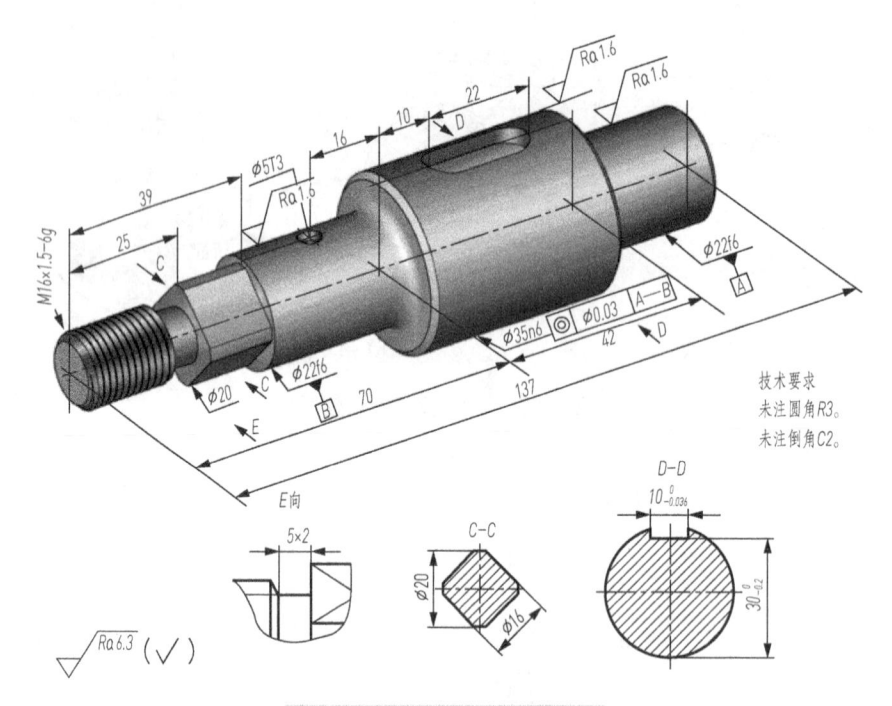

图 7-7 轴的轴测图及各段尺寸

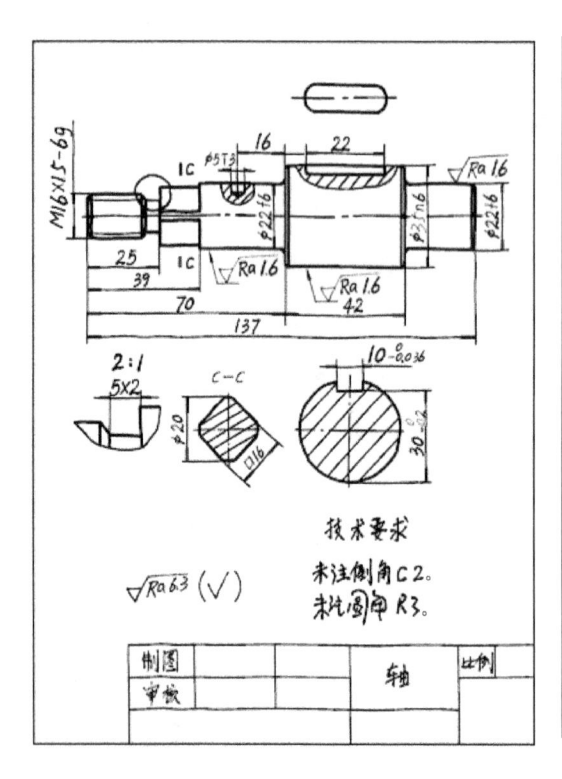

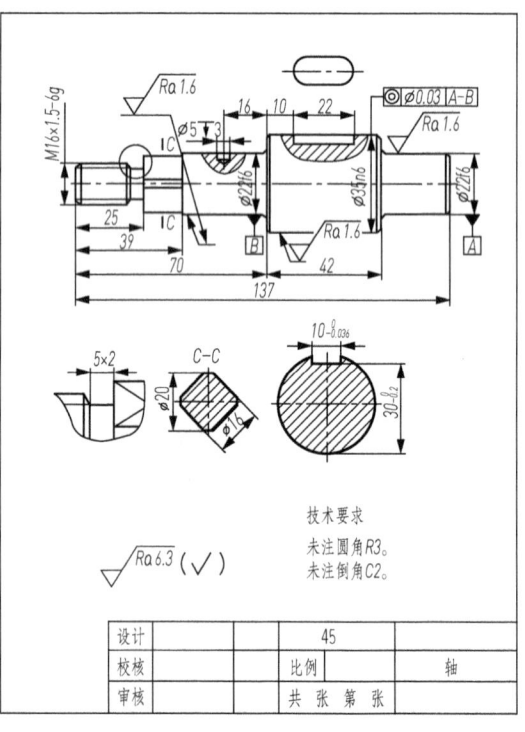

（a）轴的草图

（b）轴的零件图

图 7-8 轴的草图和零件图

2. 确定主要的尺寸基准后测量尺寸并标注

径向以轴的中心线为基准；长度方向以轴的左端面为基准，并以直径$\phi 35$处的左端面作为辅助基准，用螺纹规测量螺距。

3. 标注技术要求

直径$\phi 35$处安装传动零件，轴中心线与两端$\phi 22$的轴颈的中心线有同轴度要求。$\phi 22$轴颈处和安装轴上零件的$\phi 35$处为表面粗糙度值最小，达$Ra 1.6 \mu m$，其余可酌情考虑，螺纹处的精度无特殊要求。

配合公差的标注应准确。例如，在$\phi 22$、$\phi 35$处，应根据测量后的数值需查轴的极限数值表得出准确的公差值。$\phi 22$处轴承采用滑动轴承，所以选择基孔制的间隙配合；而直径$\phi 35$安装轴上零件，应不留间隙或间隙极小，所以选用过渡配合。键连接处可以按轴径查附表3中键槽的标准值和相关公差值。然后将上述参数填入草图中。最后整理成标准图样，如图7-8所示。

7.3 轮盘类零件测绘

测绘图7-9所示轴承盖的零件图。

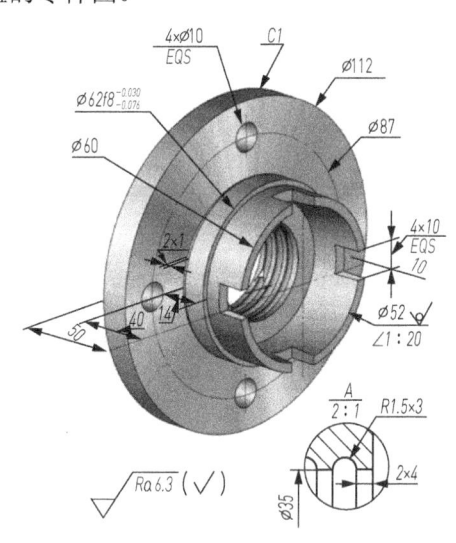

图7-9 轴承盖的立体图

轴承盖属于轮盘类零件，轮盘类零件的特点是高度大于长度，即$D>L$，中间一般有空腔。下面具体介绍测绘步骤。

1. 画草图

主视图选半剖视图。

2. 用游标卡尺等量具测量尺寸

在$\phi 62$外径与轴承孔配合处，选用f的极限偏差，以防止润滑油泄漏。测量出该处具体尺寸后查表确定其公差等级。

3. 补注尺寸及技术要求

经过测绘并填上尺寸数字，如图7-10所示，最后画成标准图样，如图7-11所示。

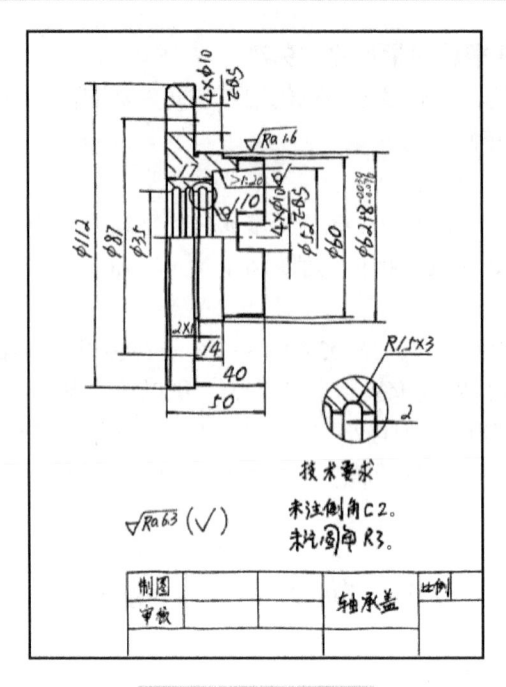

图 7-10 轴承盖的草图

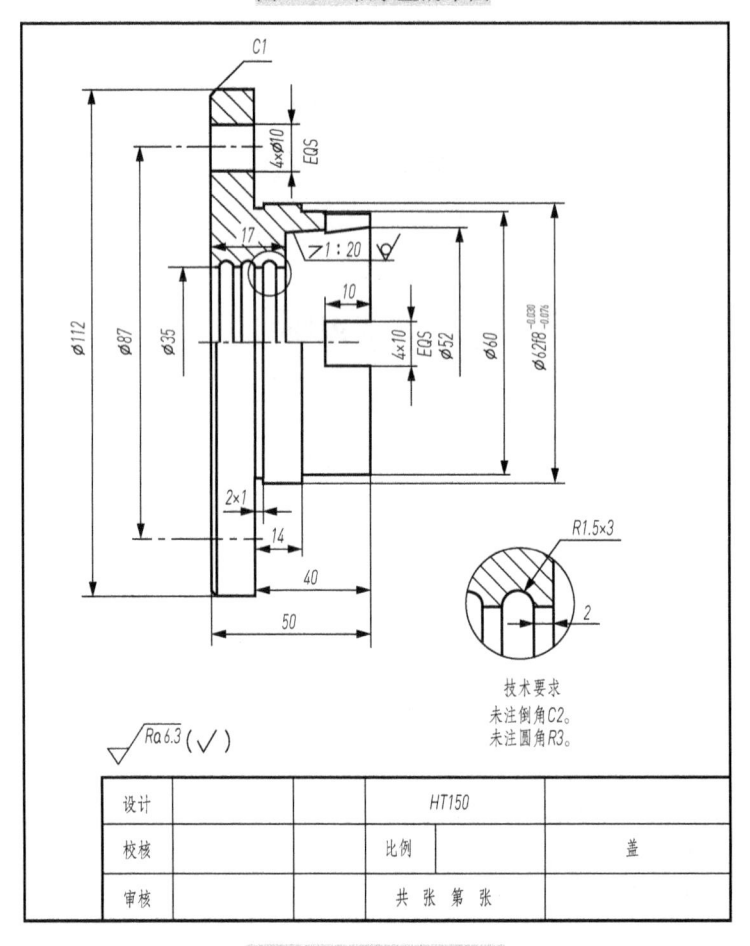

图 7-11 轴承盖的零件图

附　　表

附表 1　平键及键槽的标准尺寸

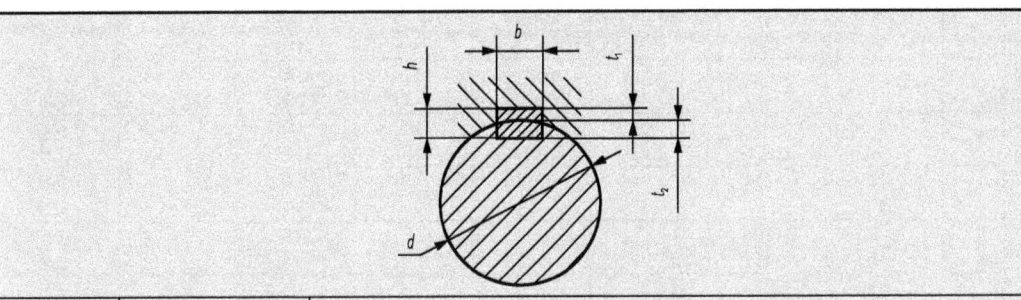

轴径	普通型 平键 GB/T 1096—2003		键槽 GB/T 1095—2003										
			宽度 b				深度				半径 r	
公称直径 d	基本尺寸 $b \times h$	长度 L	尺寸	极限偏差			轴 t_2		毂 t_1			
				较松		一般		较紧	公称	偏差	公称	偏差	最小	最大
				轴 H9	毂 D10	轴 N9	毂 JS9	轴毂 P9						
6～8	2×2	6～20	2	+0.025 0	+0.060 +0.020	-0.004 -0.029	±0.0125	-0.006 -0.031	1.2	+0.1 0	1.0	+0.1 0	0.08	0.16
>8～10	3×3	6～36	3						1.8		1.4			
>10～12	4×4	8～45	4	+0.030 0	+0.078 +0.030	0 -0.030	±0.015	-0.012 -0.042	2.5		1.8			
>12～17	5×5	10～56	5						3.0		2.3		0.16	0.25
>17～22	6×6	14～70	6						3.5		2.8			
>22～30	8×7	18～90	8	+0.036 0	+0.098 +0.040	0 -0.036	±0.018	-0.015 -0.051	4.0		3.3			
>30～38	10×8	22～110	10						5.0		3.3			
>38～44	12×8	28～140	12	+0.043 0	+0.120 +0.050	0 -0.043	±0.0215	-0.018 -0.061	5.0		3.3		0.25	0.40
>44～50	14×9	36～160	14						5.5		3.8			
>50～58	16×10	45～180	16						6.0		4.3			
>58～65	18×11	50～200	18						7.0	+0.2 0	4.4	+0.2 0		
>65～75	20×12	56～220	20	+0.052 0	+0.149 +0.065	0 -0.052	±0.026	-0.022 -0.074	7.5		4.9			
>75～85	22×14	63～250	22						9.0		5.4			
>85～95	25×14	70～280	25						9.0		5.4		0.40	0.60
>95～110	28×16	80～320	28						10.0		6.4			
>110～130	32×18	90～360	32						11.0		7.4			
>130～150	36×20	100～400	36	+0.062 0	+0.180 +0.080	0 -0.062	±0.031	-0.026 -0.088	12.0		8.4			
>150～170	40×22	100～400	40						13.0		9.4		0.70	1.00
>170～200	45×25	110～450	45						15.0		10.4			
>200～230	50×28	125～500	50						17.0		11.4			
>230～260	56×32	140～500	56	+0.074 0	+0.220 +0.100	0 -0.074	±0.037	-0.032 -0.106	20.0	+0.3 0	12.4	+0.3 0		
>260～290	63×32	160～500	63						20.0		12.4		1.20	1.60
>290～330	70×36	180～500	70						22.0		14.4			
>330～380	80×40	200～500	80						25.0		15.4			
>380～440	90×45	220～500	90	+0.087 0	+0.260 +0.120	0 -0.087	±0.0435	-0.037 -0.124	28.0		17.4		2.00	2.50
>440～500	100×50	250～500	100						31.0		19.5			

键长 L：6,8,10,12,14,16,18,20,22,25,28,32,36,40,45,50,56,63,70,80,90,100,110,125,140,160,180,200,220,250,280,320,360,400,450,500

附表 2 轴的极限偏差（基本尺寸大于 10～315mm）

公差带	等级	>10～18	>18～30	>30～50	>50～80	>80～120	>120～180	>180～250	>250～315
d	6	−50 −61	−65 −78	−80 −96	−100 −119	−120 −142	−145 −170	−170 −199	−190 −222
d	7	−50 −68	−65 −86	−80 −105	−100 −130	−120 −155	−145 −185	−170 −216	−190 −242
d	8	−50 −77	−65 −98	−80 −119	−100 −146	−120 −174	−145 −208	−170 −242	−190 −271
d	▼9	−50 −93	−65 −117	−80 −142	−100 −174	−120 −207	−145 −245	−170 −285	−190 −320
d	10	−50 −120	−65 −149	−80 −180	−100 −220	−120 −260	−145 −305	−170 −355	−190 −400
f	▼7	−16 −34	−20 −41	−25 −50	−30 −60	−36 −71	−43 −83	−50 −96	−56 −108
f	8	−16 −43	−20 −53	−25 −64	−30 −76	−36 −90	−43 −106	−50 −122	−56 −137
f	9	−16 −59	−20 −72	−25 −87	−30 −104	−36 −123	−43 −143	−50 −165	−56 −186
g	5	−6 −14	−7 −16	−9 −20	−10 −23	−12 −27	−14 −32	−15 −35	−17 −40
g	▼6	−6 −17	−7 −20	−9 −25	−10 −29	−12 −34	−14 −39	−15 −44	−17 −49
g	7	−6 −24	−7 −28	−9 −34	−10 −40	−12 −47	−14 −54	−15 −61	−17 −69
h	5	0 −8	0 −9	0 −11	0 −13	0 −15	0 −18	0 −20	0 −23
h	▼6	0 −11	0 −13	0 −16	0 −19	0 −22	0 −25	0 −29	0 −32
h	▼7	0 −18	0 −21	0 −25	0 −30	0 −35	0 −40	0 −46	0 −52
h	8	0 −27	0 −33	0 −39	0 −46	0 −54	0 −63	0 −72	0 −81
h	▼9	0 −43	0 −52	0 −62	0 −74	0 −87	0 −100	0 −115	0 −130
k	5	+9 +1	+11 +2	+13 +2	+15 +2	+18 +3	+21 +3	+24 +4	+27 +4
k	▼6	+12 +1	+15 +2	+18 +2	+21 +2	+25 +3	+28 +3	+33 +3	+36 +4
k	7	+19 +1	+23 +2	+27 +2	+32 +2	+38 +3	+43 +3	+50 +4	+56 +4
m	5	+15 +7	+17 +8	+20 +9	+24 +11	+28 +13	+33 +15	+37 +17	+43 +20
m	6	+18 +7	+21 +8	+25 +9	+30 +11	+35 +13	+40 +15	+46 +17	+52 +20
m	7	+25 +7	+29 +8	+34 +9	+41 +11	+48 +13	+55 +15	+63 +17	+72 +20
n	5	+20 +12	+24 +15	+28 +17	+33 +22	+38 +23	+45 +27	+51 +31	+57 +34
n	▼6	+23 +12	+28 +15	+33 +17	+39 +20	+45 +23	+52 +27	+60 +31	+66 +34
n	7	+30 +12	+36 +15	+42 +17	+50 +20	+58 +23	+67 +27	+77 +31	+86 +34
p	5	+26 +18	+31 +22	+37 +26	+45 +32	+52 +37	+61 +43	+70 +50	+79 +56
p	▼6	+29 +18	+35 +22	+42 +26	+51 +32	+59 +37	+68 +43	+79 +50	+88 +56
p	7	+36 +18	+43 +22	+51 +26	+62 +32	+72 +37	+83 +43	+96 +50	+108 +56

注：标注▼者为优先公差等级，应优先选用。

附表 3 孔的极限差值（基本尺寸大于 10～315mm） （单位：μm）

公差带	等级	>10～18	>18～30	>30～50	>50～80	>80～120	>120～180	>180～250	>250～315
D	8	+77 +50	+98 +65	+119 +80	+146 +100	+174 +120	+208 +145	+242 +170	+271 +190
D	▼9	+93 +50	+117 +65	+142 +80	+174 +100	+207 +120	+245 +145	+285 +170	+320 +190
D	10	+120 +50	+149 +65	+180 +80	+220 +100	+260 +120	+305 +145	+355 +170	+400 +190
D	11	+160 +50	+195 +65	+240 +80	+290 +100	+340 +120	+395 +145	+460 +170	+510 +190
E	6	+43 +32	+53 +40	+66 +50	+79 +60	+94 +72	+110 +85	+129 +100	+142 +110
E	7	+50 +32	+61 +40	+75 +50	+90 +60	+107 +72	+125 +85	+146 +100	+162 +110
E	8	+59 +32	+73 +40	+89 +50	+106 +60	+126 +72	+148 +85	+172 +100	+191 +110
E	9	+75 +32	+92 +40	+112 +50	+134 +60	+159 +72	+185 +85	+215 +100	+240 +110
E	10	+102 +32	+124 +40	+150 +50	+180 +60	+212 +72	+245 +85	+285 +100	+320 +110
F	6	+27 +16	+33 +20	+41 +25	+49 +30	+58 +36	+68 +43	+79 +50	+88 +56
F	7	+34 +16	+41 +20	+50 +25	+60 +30	+71 +36	+83 +43	+96 +50	+108 +56
F	▼8	+43 +16	+53 +20	+64 +25	+76 +30	+90 +36	+106 +43	+122 +50	+137 +56
F	9	+59 +16	+72 +20	+87 +25	+104 +30	+123 +36	+143 +43	+165 +50	+186 +56
H	6	+11 0	+13 0	+16 0	+19 0	+22 0	+25 0	+29 0	+32 0
H	▼7	+18 0	+21 0	+25 0	+30 0	+35 0	+40 0	+46 0	+52 0
H	▼8	+27 0	+33 0	+39 0	+46 0	+54 0	+63 0	+72 0	+81 0
H	▼9	+43 0	+52 0	+62 0	+74 0	+87 0	+100 0	+115 0	+130 0
H	10	+70 0	+84 0	+100 0	+120 0	+140 0	+160 0	+185 0	+210 0
H	▼11	+110 0	+130 0	+160 0	+190 0	+220 0	+250 0	+290 0	+320 0
K	6	+2 -9	+2 -11	+3 -13	+4 -15	+4 -18	+4 -21	+5 -24	+5 -27
K	▼7	+6 -12	+6 -15	+7 -18	+9 -21	+10 -25	+12 -28	+13 -33	+16 -36
K	8	+8 -19	+10 -23	+12 -27	+14 -32	+16 -38	+20 -43	+22 -50	+25 -56
N	6	-9 -20	-11 -28	-12 -24	-14 -33	-16 -38	-20 -45	-22 -51	-25 -57
N	▼7	-5 -23	-7 -28	-8 -33	-9 -39	-10 -45	-12 -52	-14 -60	-14 -66
N	8	-3 -30	-3 -36	-3 -42	-4 -50	-4 -58	-4 -67	-5 -77	-5 -86
P	6	-15 -26	-18 -31	-21 -37	-26 -45	-30 -52	-36 -61	-41 -70	-47 -79
P	▼7	-11 -29	-14 -35	-17 -42	-21 -51	-24 -59	-28 -68	-33 -79	-36 -88

注：标注▼者为优先公差等级，应优先选用。

参考文献

车世明，2009．机械识图．北京：清华大学出版社．
辜东莲，李同军，于光明，2010．机械制图（少学时）．北京：高等教育出版社．
黄云清，2010．公差配合与测量技术．2版．北京：机械工业出版社．
柳燕君，2010．机械制图（多学时）．北京：高等教育出版社．
钱可强，2007．机械制图．4版．北京：高等教育出版社．
王幼龙，2007．机械制图（机械类）．3版．北京：高等教育出版社．
徐玉华，2006．机械制图．北京：人民邮电出版社．